一句话
点亮人生

杨志勇 —————— 主编

北方妇女儿童出版社

·长春·

图书在版编目（CIP）数据

一句话点亮人生 / 杨志勇主编. -- 长春 : 北方妇
女儿童出版社, 2024.4
ISBN 978-7-5585-8417-6

Ⅰ.①一… Ⅱ.①杨… Ⅲ.①人生哲学—通俗读物
Ⅳ.①B821-49

中国国家版本馆CIP数据核字(2024)第072061号

一句话点亮人生
YIJUHUA DIANLIANG RENSHENG

出 版 人	师晓晖
策划编辑	吕玉萍
责任编辑	孟健伊
装帧设计	韩海静
开　　本	16开
印　　张	12
字　　数	115千
版　　次	2024年4月　第1版
印　　次	2024年4月　第1次印刷
印　　刷	唐山玺鸣印务有限公司
出　　版	北方妇女儿童出版社
发　　行	北方妇女儿童出版社
地　　址	长春市福祉大路5788号
电　　话	总编办：0431-81629600

定　　价　59.00元

目 录

微尘世界

这世界就没有任何一句话，可以让你醍醐灌顶。真正让你醍醐灌顶的只能是一段经历，而那句话，只是火药仓库内划燃的一根火柴。

人生的必修课是接受无常，人生的选修课是放下执着。当生命进入低潮的时候，请记得你必须跌到你从未经历过的谷底，才能站上你从未到达过的高峰。

让自己忙一点儿，忙到没有时间去思考无关紧要的事，很多事也许就这样悄悄地被淡忘了。时间不一定能证明很多东西，但是一定能让你看透很多东西。坚信自己的选择，不动摇，使劲儿跑，明天会更好。

世上既有怎么都恨不起来的恶人，也有怎么都喜欢不起来的好人。虽然表面上我们以善恶、对错来判断是非曲直，但事实上我们心里清楚得很，人心这种玄之又玄的东西可不是以一两个既定标准去衡量世间万物的。

人允许一个陌生人的发迹，却不能容忍一个身边人的晋升。因为同一层次的人之间存在着对比、利益的冲突，而与陌生人不存在这方面的问题。

学习是我们唯一的出路吗？学习不一定是唯一的出路，但我们未来要走的每一条路都离不开学习。

有五种苦很多人吃不了：独立思考，吃脑力的苦；读书学习，吃寂寞的苦；忍耐克制，吃自律的苦；被践踏忍受，吃尊严的苦；耐得琐事而执行到底，吃心性的苦。大多数人认为自己很能吃苦，其实只是吃体力的苦，体力的苦是最简单的，也是最容易承受的。而脑力、寂寞、自律、尊严、心性的苦，一级比一级要难。

尊严这种东西，你得有实

力捍卫，否则就是死要面子活受罪。

所有发生在我们身上的事件都是一个个经过仔细包装的礼物。只要我们愿意面对它有时有点儿丑恶的包装，带着耐心和勇气一点儿一点儿地拆开包装的话，我们会惊喜地看到里面珍藏的礼物。

你可以输，但不可以放弃。竭尽全力做你该做的事，流该流的汗。要相信，你若坚持，命运自然会给你打赏。

一个人唯有将锋芒磨尽，才可以真正自在淡然。那时候，便懂得平静地对待人生的聚散离合，接受岁月赠予的苦难与沧桑。曾经绰约的年华，如今看似寥落寡淡，却有了几分风骨，多了一种韵味。唯有这般，才能拥有一颗清醒的禅心，任凭烟云变幻，逝水滔滔，亦不改山河颜色。

有人觉得吃方便面很幸福，有人觉得吃方便面很不幸，世上大概就是这两种人。

人生很短，不要活得太累。人生，就是一种糊涂、一份模糊，说懂不懂、说清不清，糊里

糊涂、含含糊糊。人生看不惯的东西太多，看清、看懂，全是自找伤心。凡事太认真，只会苦了心，累了自己。

五样东西不能丢：扬在脸上的自信、长在心底的善良、融进血里的骨气、两侧外泄的霸气、刻进命里的坚强！

一代人有一代人的长征，一代人有一代人的担当。

自律不是偶尔早起，不是想起来才运动，更不是间歇性努力……而是长久保持该有的规格，亲手干掉另一个颓废的自己。

人生在世，切记不要做两件事：用自己的嘴干扰别人的人生；靠别人的脑子思考自己的人生。

做最真实、最漂亮的自己，依心而行，别回头、别四顾、别管别人说什么。比不上你的，才议论你；比你强的，人家忙着赶路，根本不会多看你一眼。

做人做事最好的状态就是：不刻意。不刻意自我表现，也不刻意淡泊名利；不刻意迎合，也不刻意狂狷；不刻意追逐流行，也不刻意卓尔不群。如是，则不心累、不纠结、不失望。

识人不必探尽，探尽则多怨；知人不必言尽，言尽则无友；责人不必苛尽，苛尽则众远；敬人不必卑尽，卑尽则少骨；让人不必退尽，退尽则路艰。

如果你不努力地去按照你想的那样活，那么总有一天，你一定会按照你活的那样想。

抱怨，只能让恃强凌弱的混蛋意识到自己身边住着一个弱者。

有些路很远，走下去会很累，可是不走又会后悔。

你要克服懒惰，你要克服游手好闲，你要克服虚无飘渺的白日梦，你要克服一蹴而就的妄想，你要克服自以为是、浅薄的幽默感。你要独立生长在这世上，不寻找、不依靠，因为冷漠寡情的人孤独一生。你要坚强、振作、自立，不能软弱、逃避、害怕。不要沉溺在消极负面的情绪里，要正面阳光地对待生活和爱你的人。

很多事情就像是旅行一样，当你决定要出发的时候，最困难的那部分其实就已经完成了。

人生在世，你只要知道两件事：第一，这世上绝对存在不需要读书也很聪明，不需要努力也过得很好，甚至不需要钱就能快乐的人；第二，那个人绝对不是你。

这个世界已经有很多人和事会让你失望，而最不应该的，就是自己还令自己失望。请记住，社会很残酷，你要活得有温度！

自己强，比什么都强，要知道，寻找一棵大树好乘凉，不如自栽自养自乘凉。别人给的，随时有可能收回去，只有自己创造的才会留下来。

别以为成败无因，今天的苦果是昨天的伏笔；当下的付出才是明日的花开。

我们每个人都有不同程度的自卑感，因为我们都想让自己变得更优秀，让自己过更好的生活。

你现在状态不对，你就得改，你不能被一件事影响太久。因为太耽误事了，成本过高，太不划算。

要积极主动地发起与这个世界的碰撞，因为无论结果如何，所有撞击带来的回馈都能让自己真正地成长。

你应该拼尽全力去努力，不是用力去焦虑。

知道足够多的信息的时候，我们就没有选择的恐惧了，恐惧来源于未知。

成为一个敏感的人意味着你有高度共情的能力，对事物有更深入的思考，这些恰恰是你的迷人之处，更是生活的馈赠与你的天赋所在。

所有的偏见都源自眼界与认知的局限。

所谓靠谱的人，就是凡事有交代、件件有着落、事事有回音。

年轻时应该有的人生态度是：想要的都拥有，得到的都珍重，不想要的果断放弃，得不到的慢慢释怀。一切痛苦大概都是因为渴望无端被爱，羡慕不劳而获。

路是自己选的，要慎重点儿；事是自己做的，要认真点儿；命运是无常的，要看开点儿；烦恼是自找的，要躲开点儿；健康是重要的，要矜贵点儿；脆弱是难免的，要坚强点儿；坎坷是必然的，要勇敢点儿。

在你生命的最初30年，你养成习惯；在你生命的最后30年，你的习惯决定了你。

使人疲惫的不是远方的高山，而是鞋子里的一粒沙子。

星光不问赶路人，做三四月的事情，八九月自会有答案。

其实，最大的敌人不是别人，正是你脱缰野马般的"心"，出口是非不断的"嘴"。所以，人多时，请管住自己的嘴；人少时，请管住自己的心。

不惊扰别人的宁静，便是慈悲；不伤害别人的自尊，便是善良。人活着，发自己的光就好，不必吹灭别人的灯。

世界上的所有事情都是暂时的，如果事事顺心，那就好好享受；如果发生意外，不要过于担心，因为一切都会过去的。

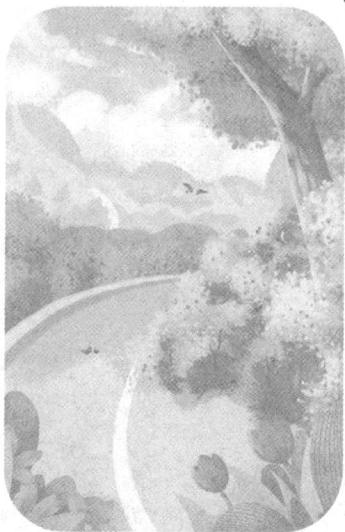

喜欢的事物不一定非要拥有，有时候过分执着，反而容易让自己受伤。

读书不是为了雄辩和驳斥，也不是为了轻信和盲从，而是为了思考和权衡。

一个真正有知识的人的成长过程就像麦穗儿的成长过程：当麦穗儿空着的时候，麦子长得很快，麦穗儿骄傲地高高昂起，但当麦穗儿饱满成熟的时候，它们开始谦逊地垂下来。

如果我们很容易被影响，那么我们就要选择那些好的事情影响我们自己。比如：好的书、好的人、好的聚会。

人生不要被安逸控制，决定你成功的是奋斗；人生不要被别人控制，决定你命运的是自己；人生不要被金钱控制，决定你幸福的是知足；人生不要被仇恨控制，决定你快乐的是豁达；人生不要被表象控制，决定你成熟的是看透。

生活是一张千疮百孔的网，

所谓的同学聚会，就是在多年以后给所有到场的人一个机会，看看什么叫沧海桑田、看看什么叫岁月如刀、看看什么叫物是人非。

生活中的很多烦恼源于我们不能体谅，过分在意了自己的主张，互不理解、互不相让，伤了彼此的心。生活，很多时候，就是一种体谅、一种理解。

摸不透的心就算了，不必费力去揣摩；看不清的人就躲远，不必劳神去猜测。人生短暂，精力有限。我们应该将所有倾注于所爱的人、相处愉快的人。

每个人的路都不一样，但有一件事情是不能缺的，那就是"努力"。只有什么都不做的人，才会认为大部分事情很简单，这叫"站着说话不腰疼"的逻辑。

不必去听别人的忽悠，你人生的每一步都必须靠自己的能力完成。自己肚子里没有料，手上没本事，认识再多人也没用。人脉只会给你机会，但抓住机会还是要靠真本事。

有人喜欢你，那是他在你身上照见了他喜欢的特质，跟你无关……有人讨厌你，那是他在你身上投射到他排斥的自己，跟你无关……你只需坦然面对，并做好自己。

生活就是这样，无论发生什么，好与不好，终归会过去的。所以我们要保持一颗平常心，认真而充实地过好每一天。

不要以为喝矿泉水的都是没钱的，不要以为不写作业的都是坏学生，不要以为拿着打火机就是在吸烟，不要以为整天都笑的人是心情真好，不要有太多·的以为，你看到的，或许只是别人选择让你看到的。

真有才能的人总是善良的、坦白的、爽直的，绝不矜持；他们的讥讽只是一种精神游戏，并不针对别人的自尊心。

我生来平平淡淡，没有显赫的家世、没有倾城的面貌，惊艳不了青春、斑驳不了岁月。可我依然想温暖时光，饱读诗书，努力弥补我这平淡的出生，后期绚烂绽放。

你早晚都要明白，答非所问就是回答，沉默不语就是拒绝，闪烁不定就是谎言，敬而远之就是不喜，仅此而已，毋庸置疑。

踏入社会的时候，该收一收你那脾气了。姜还是老的辣，不要什么话都跟别人讲，你说的是心里话，他们听的是笑话。

把别人的失败当作自己教训的人，将少走许多弯路；不知明天做什么事的人，今天的事也难以做好。

一个人有没有教养，从细节就可以看出来，刻薄嘴欠和幽默是两码事，口无遮拦和坦率是两码事，没有教养和随性是两码事，轻重不分和耿直是两码事。记住一句话：自嘲才是幽默，嘲笑别人是没教养。

一粥一饭，当思来之不易；半丝半缕，恒念物力维艰。

吞噬你的，很多时候不是惊涛骇浪；相反，是那些普通的日子。"好像不用太努力，日子也能过，好像就这样，就可以了。"然后，有一天，你爱的人离开你，父母病重你无能为力，因为阶层的变化和有些朋友再无交集。

人若不肯敬我，是因为我无才；我若不能敬人，是因为我无德；人若不能容我，是因为我无能；我若不能容人，是因为我无量；人若不愿助我，是因为我无为；我若不能助人，是因为我无善。

生命如此短暂，我选择做一个盲目而热情的人。永远年轻；总是含着泪；永远相信梦想；相信努力的意义；相信后悔比失败更可怕。因为不成功的人生，虽不完美，却是完整的。

小时候光着脚都敢往外横冲直撞，长大以后穿着鞋却每走一步都小心翼翼。

人最重要的能力是管理自己的能力。计划，并且按照计划执行；娱乐，并且可以按时结束娱乐；喜欢，并且有所节制；梦想，并且敢于接受失败；失败，并且可以再次尝试。

时间带不走的两样东西，一个是跟自己相处的能力，另一个是跟我步调一致的人。我们独立，在自己的道路上奋斗，彼此看一眼都是安全感。

不要总以为别人尊重你，是因为你很优秀。其实别人尊重你，是因为别人很优秀。对别人恭敬，就是在庄严自己。

小时候，认为流血了就是很严重的事，不管疼不疼，先哭了再说；直到长大以后才发觉，其实流泪比流血更疼。

信任就像一张纸，皱了及时抚平，也恢复不了原样！不要去欺骗别人，因为你能骗到的，都是相信你的人。

人生如车，或长途，或短途；人生如戏，或喜，或悲。很多事，过去了，就注定成为故事；很多人，离开了，就注定成为故人。生命中的故人、积攒的故事，这些都是历练。

生活有两大误区：一是生活给人看，二是看别人生活。只要自己觉得幸福就行，用不着向别人证明什么。千万不要光顾着看别人，而走错了自己脚下的路。

幸运并非没有恐惧和烦恼；厄运并非没有安慰与希望。

兴趣不是一个人最好的老师，生存才是。大部分成功的人往往是被逼出来的，因为他们没有了退路，只能奋力向前。

人最好的成长方式大概就是，把自己置身于舒适圈细微的地方，在那些未知的领域里，用一场场挣扎，真正学会容忍、坚强、抗争。学会如何一个人长大，学会该成为一个怎样的人，学会选择一种不随波逐流的生活。

大器晚成也好，永远到不了山顶也罢，但是我一定要快乐和真诚一些。没什么大不了的，这个世界上总要允许普通人存在吧！

永远不要去羡慕别人的生活，即使那个人看起来快乐富足；永远不要去评价别人是否幸福，即使那个人看起来孤独无助。幸福如人饮水，冷暖自知。你不是我，怎知我走过的路、怎知我心中的乐与苦。

让我们一起共勉，互相支持，让我们跑得更快、跑得更好吧！哪怕路上有风雨、哪怕途中有坎坷，只要不放弃奔跑、不放弃对自我的修行，我们终究会创造属于自己的生命奇迹！

每天醒来都有两个选择，继续做梦或起身追逐梦想。

神要是公然去跟人作对，那是任何人都难以对付的。

这个世界其实很公平，你想要比别人强，你就必须去做别人不想做的事；你想要过更好的生活，你就必须去承受更多的困难、承受别人不能承受的压力。

你有多棒，完全不需要别人来告诉你，相信自己。

一个人的态度决定了他的高度。

记住，输掉的东西，一定可以再一点儿一点儿地赢回来！

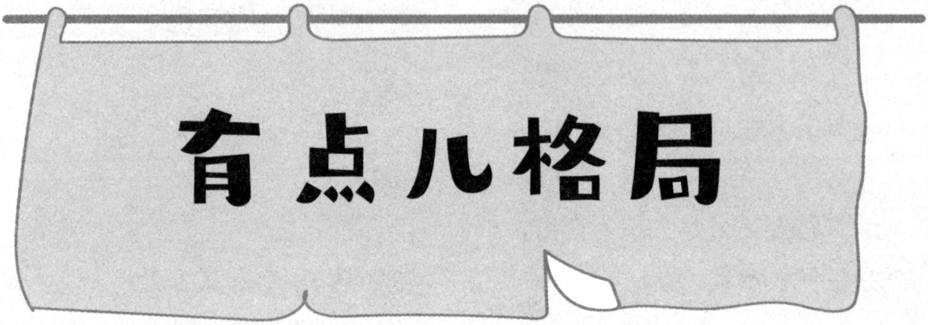
有点儿格局

横看成岭侧成峰，远近高低各不同。你对待事物的态度，就是你的格局。

在一秒钟内看到本质的人和花半辈子也看不清一件事本质的人，自然是不一样的命运。

心可以碎，手不能停。该干什么干什么，在崩溃中前行，才是一个成年人的素养。

人应该时刻保持自我清醒。如果你是对的，你没必要去发脾气；如果你是错的，你没资格去发脾气。春风得意时不要趾高气扬，因为明天你就有可能失势。失势失意时不要垂头丧气，因为山重水复过去，前面就有柳暗花明等着你。

如果你没本事更好地保护自己不受伤害，那你起码应该牢记一点：不轻信。

卑微地讨好别人，只会换来别人的无视，这世界只有自身强大了，才能换来别人对你的重视；只有平等地对待，才能换来真正的尊重。

你能让别人开心，应该挺成熟的；如果能让自己开心，应该挺成功的。

诚实的生活方式其实是按照自己身体的意愿行事，饿的时候就吃饭，爱的时候不必撒谎。

那些肤浅的赞美，是阳光中的尘埃，迷惑你的视界；那些非议与诅咒，亦是麻醉你的毒药，终会让你乱了心智。

不要以自己的标准来要求别人，也不要戴着有色眼镜看人。

很多时候，当我们把自身变得更优秀时，那些困扰你的问题自然而然就解决了，所以，不要把情绪集中在那些无用又暂时无法解决的事情上。

18岁的你漂亮，不是你漂亮，是18岁漂亮；28岁的你漂亮，不是28岁漂亮，是你漂亮。

我未曾见过一个早起勤奋、谨慎、诚实的人抱怨命运不好。良好的品格、优良的习惯、坚强的意志，是不会被假设所谓的命运击败的。

每个人都有觉得自己不够好，羡慕别人闪闪发光的时候，但其实大多数人是普通的。不要沮丧，不必惊慌，做努力爬的蜗牛或坚持飞的笨鸟，在最平凡的生活里，谦卑和努力。总有一天，你会站在最亮的地方，活成自己曾经渴望的模样。

人生这条路很长，未来如星辰大海般璀璨，不必踌躇于过去的半亩方塘。那些所谓的遗憾，可能是一种成长；那些曾受过的伤，终会化作照亮前路的光。

你不会知道，有多少人羡慕你在我心中的位置，你却不懂得珍惜。你忘了回忆，我忘了忘记。

掉在水里你不会淹死，待在水里你才会淹死，你只有游，不停地往前游。

事情往往是这样的，你生了一种病，然后发现到处都是同病者；你丢失了一只狗，随后发现满街都是流浪狗，却都不是你丢的那一只。人的境遇是一种筛子，筛选了落到我们视野里的人和事。人一旦掉到一种境遇里，就会变成吸铁石，把铁屑都吸到身边来。

那些每天反复做的事情造就了我们。然后你会发现，优秀不是一种行为，而是一种习惯。

幽默就是一个人想哭的时候，还有笑的兴致。

不要期待有人拯救你，只有你能改变现状。

看不清未来时，就比别人坚持得久一点儿，你坚持的东西总有一天会反过来拥抱你，永远不要忘记曾经大雨滂沱的日子，在那些低谷的日子里坚持不懈，去追逐自己满怀期待的心，生命只有一次，你要活得畅快淋漓。

也许宇宙中最反直觉的真理是，你给别人的越多，你得到的就越多。

我经常有这种感觉，如果这件事情来了，你没有勇气去解决，它一定会再来。

每个人都有不可告人的秘密，有自己的渴求、欲望，以及难以启齿的需要。所以，日子要过下去，人们就要学会宽恕。

走错了路，要记得回头；爱错了人，要懂得放手。人心都是相对的，以真换真；感情都是相互的，用心暖心。只是一起走过一段路而已，何必把怀念弄得比人生经过的路还长。

人生的财富，不是你拥有多少货币、拥有多少不动产；而是你帮助了多少人、支持了多少人、影响了多少人，在你离开这个世界的时候还有多少人怀念你。

想要别人照顾你的感受，就别万事都迁就别人的感受，守得住自己的底线，才能换来别人的尊重。成年人的世界里不存在永恒的靠山，你最强的靠山就是你自己的努力和独立。

世界上最好的保鲜剂就是不断进步，努力让自己成为更好的人，这比什么都重要。

如果未来一定会发生，那就先进入那个未来。

你有为别人撑伞挡雨的本事，别人也会为你铺路搭桥；你若卑微如尘埃，任谁都不会把你放在眼里。不要埋怨世态炎凉，人情薄如纸，因为这本来就是人性的真相。

有时候，如果和很重要的人发消息，他一直没有回我，我就会删了那个对话框。因为总感觉看到那个对话框，就好像看见了自己的卑微和讨好。

我们对人性最大的误会，就是以为只要是人，都有点儿良心和人性。

如果被人稍微吹捧几句，就忘记了自己姓什么，那最后肯定会被坑得很惨。

我们不肯探索自己本身的价值，我们过分看重他人在自己生命里的参与。于是，孤独不再美好，失去了他人，我们惶恐不安。

人生最大的荒唐，就是在烂人、烂事上纠缠，它能耗光你所有的正能量。遇到烂人，及时抽身；遇到烂事，及时止损。

你强大，世界都会对你和颜悦色；你弱小，坏人就多。因为你没有反抗的能力，伤害你的成本最低，所以他们蜂拥而至。人心隔肚皮，善恶往往在一念之间，假如你太过于信任一个人，那就等于是给了对方伤害你的权利。

我觉得人的一部分能力是会消失的。比如没有人捧场的幽默，吃过很多亏的仗义，不被欣赏的自信，还有得不到回应的爱。这些能力被心酸和新的能力代替，而新的能力是保护自己。

木秀于林，风必摧之，就算是你本身有一定的实力，如果在一群人中太过耀眼，就会衬托出其他人的平庸。于是他们对你产生意见和不满，这是很正常的心理。

有些人是不懂感恩的，你越帮他，他越觉得理所当然，觉得是你欠他的。等有一天你不帮了，他还会把你当仇人一样对待。

别人能够替你开车，但不能替你走路；能够替你做事，但不能替你感受。人生的路要靠自己去走，成功要靠自己去争取。天助自助者，成功者自救。

这个世界就像一面镜子，所有的一切，都是我们的投影。

不破不立，有些东西必须摧毁、必须放弃，才能迎来新生。

人生的许多大困难，只要活着，没有什么是解决不了的。只是需要时间和智慧而已。

每个人都要通过自己的努力去决定自己生活的样子。世界是很公平的，要得到就必须付出，还要学会坚持。现实残酷，你要比它更残酷。

人的一生，来去匆匆，我们在亲人的欢声笑语中诞生，又在亲人的悲伤哭泣中离去。我们无法决定自己的生与死，但我们应庆幸自己拥有了这一生。

勇者愤怒，抽刃向更强者；怯者愤怒，却抽刃向更弱者。

生活中，在每个人的心里其实都有一盏灯。不论遇到怎样的挫折和黑暗，重要的是，信念不可以被磨灭。转过身去，换个想法，天再黑，人再背，眼前有一盏灯就好。

圈子决定人生，接近什么样的人，就会走什么样的路。所谓物以类聚，人以群分。牌友只会催你打牌，酒友只会催你干杯，而靠谱的人却会感染你如何取得进步。

世间不如意是常有之事，能对你百依百顺的人、能让你如愿以偿的事都很少。你若非要计较，没有一个人、一件事能让你满意。人活一世，也就求个心的安稳，何必跟自己过不去。心宽一寸，路宽一丈。

做人一定要有一颗平常心，

不要让自己整天活在他人的影子里面。我们应当认清自己，找到属于自己的位置，走自己的道路，过自己的生活。

看人，不要用眼睛去看，容易看走眼，更不要用耳朵去听，因为可能是谎言。只要用时间、用心去感受，真的假不了，假的也真不了。

生活中的绝大部分快乐从痛苦中得来，你全然拒绝了痛苦，也就全然避开了快乐。

有些事是出乎意料的，有些事是情理之中的，有些事是难以控制的，有些事是不尽如人意的，有些事是不合逻辑的，有些事是恍然大悟的。但无论发生什么事，都别忘了自己的本心、自己的良心、自己的性格，还有自己的原则。

所有的付出都会让我们成为更好的人。你现在的努力和准备，都是沉淀和积累，它们将在某个特殊的时间点，助你爆发出强大的力量。总有一天，你的努力会为你证明自己。

人活着一天，就是有福气。人生短短几十年，不要给自己留下太多的遗憾。日出东海落西山，愁也一天，喜也一天；遇事不钻牛角尖，人也舒坦，心也舒坦。

因为你太过热情，所以总觉得别人对你都太冷漠；因为你太爱一个人，所以别人一个疏忽你都觉得那是不爱你了。多把精力放在自己身上，你会减少很多负面情绪。

人生，哪能事事如意；生活，哪能样样顺心。不和小人较真，因为不值得；不和社会较真，因为较不起；不和自己较真，因为伤不起；不和往事较真，因为没价值；不和现实较真，因为要继续。因为善良，所以宽容；因为责任，所以承担；因为某种理由，所以愿意妥协；因为看轻，所以快乐；因为看淡，所以幸福。

生活中，总有些事让人不知所措。有时无关紧要，却能让心伤透，因为在乎；有时无所畏惧，却害怕悄然逝去，因为在心；有时无法预料，却一直在走，因为活着、因为信念。

很多时候，当下那个我们以为迈不过去的坎儿，一段时间之后再回过头看，其实早就轻松跳过；当下那个我们以为撑不过去的时刻，其实忍着、熬着也就

自然而然地过去了。所有没能打败你的东西，都将使你变得更加强大。

世上没有那么多天赋异禀，优秀的人总是努力地翻山越岭。你要知道：最终使你脱颖而出的是持之以恒，是真正坚持做一件事，而这一切时间会看得见。

生活中我们有很多的不如意，也有很多的无奈，我们能做的是，站在最好的角度，用最理智的方法，去处理最糟糕的事情；以平和的心态，去倾听这个世界的浮躁。

坚定态度

一句话说出口之前，你是它的主人；说出口之后，它是你的主人。钉子可以从木板中拔出，说出去的话却无法收回。多思、多想、多听、多看、谨言、慎行，这么做的好处就是让自己少一点儿后悔。

每个人都有自己的活法，没必要去复制别人的生活。有的人表面风光，暗地里却不知流了多少眼泪；有的人看似生活窘迫，实际上却过得潇洒快活。幸福没有标准答案，快乐也不止一条道路；收回羡慕别人的目光，反观自己的内心。自己喜欢的日子，就是最好的日子；自己喜欢的活法，就是最好的活法。

其实，生命不过三天：昨天、今天、明天。日夜虽能更替，但是，昨天如水，逝而不返；今天虽在，正在流走；明天在即，却也来之即逝。只有放下昨天，珍惜今天，才能无悔明天。

没必要抱怨和自怜。所有的现状都是你自己选择的，而且当你在开口责怪这种现状的时候，你其实已经享受过它带来的一切好处。抱怨能说明什么呢？除了你什么都想要的贪，还有你不想做出努力的懒。

生活可以很苦，但是也可以很甜，就看你自己愿不愿意往里面加块糖。当你的生活跌入谷底的时候也别怕，因为生活坏到一定程度就会好起来，你要相信，它无法更坏。

人生最美好的生活方式莫过于和一群志同道合的人奔跑在理想的道路上！回头，有一路的故事；低头，有坚定的脚步；抬头，有清晰的远方和理想的目标！把握现在，赢在未来！

选择和什么样的人交往是一件非常重要的事情，他们会潜移默化地影响你对生活的态度，以及看世界的角度。

放得下就不孤独，站得远些就看得清楚，不幻想就没感触，不期待也就不会有在乎。世上无难事，庸人自扰之。

别试图去给年轻人讲经验，讲一万句不如自己摔一跤。或许，眼泪教你做人，后悔帮你成长，疼痛才是最好的老师。人生该走的弯路，其实一米都少不了。

看清了一个人而不揭穿，你就懂得了原谅的意义；讨厌一个人而不翻脸，你就懂得了尊重。活着，总有你看不惯的人，也有看不惯你的人。你的成熟不是因为你活了多少年、走了多少路、经历过多少失败，而是因为你懂得了放弃、学会了宽容、知道了不争。

互相陪伴了一段路，才明白只有知根知底还聊得来的人，才能走到身边、才能聚到一起。有人来自然就有人走，留下的都是看到你的全部、依然愿意留在你身边的人。爱情和友情都一样：深情不及久伴，厚爱无须多言。久处不厌才是真情。

万物在说法，看你如何着眼；一切是考验，试你如何用心。

种子放在水泥地板上会被晒死，放在水里会被淹死，而放到肥沃的土壤里就会生根、发芽、结果。选择决定命运，环境造就人生。

别再说自己配不配这件事了，这个世界哪有什么配不配的，只要你敢于主动出击，那么即使世间再美好的事物，你都值得拥有，如果你依旧唯唯诺诺，那么你就真的不配。

时间并不等待谁，它只等待那些主动追寻梦想并付诸行动的人。

只要你愿意走，踩过的都是路；只要你不回避与退缩，生命的掌声终会为你响起。

可能这个世界上最后悔的三件事是：没尽力拼搏的青春，没用心做到的孝顺，没来得及说出口的爱情。

世界上哪有那么多的将心比心，你一味地付出不过是惯出来得寸进尺的人。过度考虑别人的感受，就注定自己不好受。

所有客观事实，本质上都是我们的主观认知。

斗争是人的天性，一旦没了外敌，自然会起内讧。盟友可以没有，但敌人不可或缺。

凡事都有偶然的凑巧，结果却又如宿命的必然。

人生如戏，世事如棋，凡事要看得开，不要过于计较得失。

能让你成熟的，从来不是年龄，而是经历；能让你回头的，从来不是道理，而是南墙。

能治得了你脾气的人，是你最爱的人；能受得了你脾气的人，是最爱你的人。

如果你跟村夫交谈不离谦卑之态，与王侯散步不露谄媚之颜，你就会在低眉与抬头之间感受到人格的尊严和伟大。

珍惜生命，感恩每一天，不要轻易放弃对生活的热爱和追求。

所谓信息过载，是你对环境的熟悉程度太低。

失败并不是终点，而是通往成功之路上必经之阶段。

面对苦难、面对迷茫，你是什么样的人，就有什么样的人生。艰难时沉住气，默默蓄能，总能熬出人生的甜。

渐渐地你会发现，现在走过的路，百年前的人走过；现在所说的话，百年前的人也说过，也提醒过。现在并不比那时候更聪明，也不比那时候更幸运，走着走着又回到了原点。

当你强大的时候，总有人原谅你的弱点；当你弱小的时候，总有人放大你的缺点。当你的实力足够强大时，你的不爱说话就是深沉，你的坏脾气就是个性，你的没大没小就是为人随和；当你弱小时，你的不爱说话就是木讷呆板，你的坏脾气就是情商低，你的没大没小就是没教养。

价值观并非固定不变的，它会随着成长和经历发生微妙的变化。

语言其实是行为最好的掩饰，如果你真的想看透一个人的本质，那就少去听他说了些什么，多想想他究竟做了什么。

快乐大概有三种：辛勤劳作之后休息，是第一乐；心情淡泊以消除嫉妒的心理，是第二乐；大声读书如金石之声，是第三乐。

普通人的努力，在长期主义的复利下，会积累成奇迹。

我们的一生才区区三万多天，真正值得关注的事情少之又少，真正要在乎的只有你的亲人、三五好友，其他人的批评也好、赞赏也罢，并没有想象中那么重要。

当你觉得一个人发朋友圈是在炫耀的时候，说明他拥有的正是你缺少的。

所谓弱者，只是把注意力沉溺于低级的快乐，与庸人为伍，听不见残酷的真相，浑浑噩噩地把时间浪费在虚无缥缈的人情世故中。

所以思考与自身成长和做有结果的事情，每天醒来知道该做什么的人，就是强者。

对未来最大的慷慨，是把一切献给现在。

一个人一定要拥有三大能力：

第一个能力是自我修养的能力，自己修炼自己的能力。

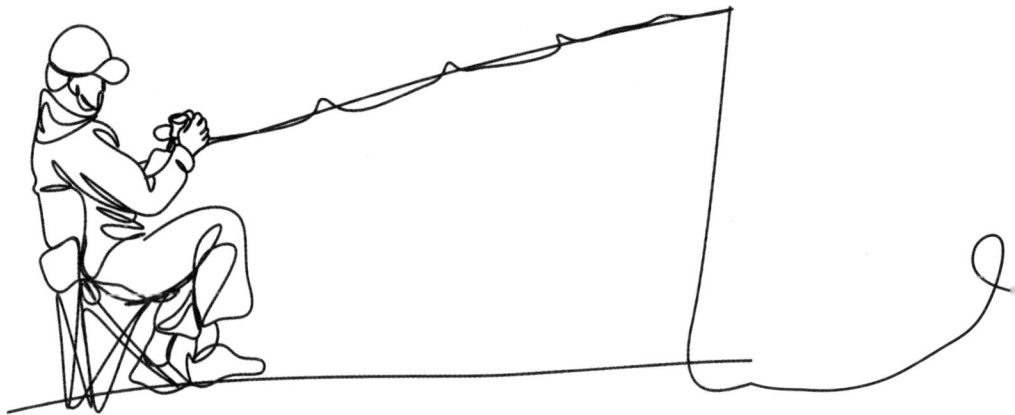

第二个能力是创造价值的能力，这个世界因为有你的存在而变得更加美好，哪怕那么一点点。

第三个能力，就是学习的能力。这三个能力缺一不可，它虽然不能让你的人生变得完美，但能够让你的人生变得完整。

放下他人的期望，更重要的是找到和追寻自己内心的价值。

看似不经意的闪光，都是厚积薄发的结果。

把拿来嘲笑和数落他人的时间用来认清和了解自己。小瞧他人并不能抬高自身，充其量得到一丁点儿虚假的满足。

很多时候，善良的建议反而会让人变得平庸，人生总需要一些一意孤行。

时运，是浑然天成的助力，是水到渠成的惊喜。每个人都希望自己好运不断，福运长久。殊不知，所谓的好运，不是求来的，而是自己修来的。

用自己的超级确定性来对冲外界的不确定性。

时间虽然不能倒流，但历史随时都可以重演。

因为有了你，世界会有什么变化？假如没有你，世界会有什么损失？

过去无法改变，但我们有权塑造未来。

没有白费的努力，也没有碰巧的成功。只要认真对待生活，终有一天，你的每一份努力都将绚烂成花。

让我们泰然自若，与自己的时代狭路相逢。

人生，该干的要干、该退的要退，是一种睿智。人生，该显的要显、该藏的要藏，是一种境界。

我们常说的要加油哇，并不是觉得你不够努力，也不是要你跟别人比成就，而是由衷地觉得你不止于此，你值得更好的，希望你可以被善待、被偏爱，所以你不要放弃，再努努力呀！

大胆一点儿，反正生命只有一次，不要虚度光阴、不要抱怨人生，拼尽全力，去做你想做的事、去爱你想爱的人、去成为你想成为的自己。

时间玩得起我们，我们却玩不起时间，在吃得了苦的岁月，别太安逸；在吃不起苦的日子里，别太逞强。

尽己力，听天命。无愧于心，不惑于情。顺势而为，随遇而安。知错就改，迷途知返。在喜欢自己的人身上用心，在不喜欢自己的人身上健忘。如此一生，甚好。

不同的人，为你做同一件事，你会感到天壤之别。因为我们在意的往往不是人做的事，而只是做事的人。

等待和拖延是最容易压垮一个人斗志的东西，犹豫不决是最大的敌人。

人生在世，难免会遇到很多不如意，倘若生活中出现不顺心的事情，不要心怀不满、怨气冲天，也不必耿耿于怀、一蹶不振，是福是祸都得面对，是好是坏都会过去。

永远不要沉溺在安逸里得过且过，能给你遮风挡雨的，同样能让你不见天日。只有让自己更加强大，才能真正地撑起一片天。

什么时候开始不重要，重要的是开始之后就不要停止。什么时候结束也不重要，重要的是结束之后就不要悔恨。

其实，生活就没有什么过不去的，人生就没有什么舍不去的，心中装满了苦，滴出来的都是泪，心中放入了甜，洒出来的都是笑。

我们都不是完美的人，但要接受不完美的自己，学会独立，告别依赖，对软弱的自己说再见，永远不要停止相信自己！踏实一些，你想要的，岁月统统会还给你。

记住，只要是因为你开的玩笑导致别人生气了，你就应该反省道歉，而不是质疑别人为什么这么敏感。

不要太早地相信任何甜言蜜语，不管那些话语是出于善意或是恶意，对你都没有丝毫的好处。果实要成熟了以后才会香甜，幸福也是一样。

得到了，不必过分欢喜，因为还会失去；失去了，不必过分惋惜，因为它从未真正属于过你，人生，原本就是一场得到与失去。

生活中，总会有人对你说三道四，总会有人对你指手画脚。学会不在意，约束好自己，把该做的事做好，把该走的路走好，保持善良，做到真诚，宽容待人，严以律己，其他一切随意就好！

不要过分在乎身边的人，也不要刻意在意他人的事。在这个世界上，总会有人让你悲伤、让你嫉妒、让你咬牙切齿。并不是他们有多坏，而是因为你太在乎。

做一个有棱角、有锋芒的善良的人吧，懂得用智慧惩恶扬善，在好人那里还是好人，在坏人那里露出自己的锋芒和自己的烈性。

幸福就是，开心时，有人陪着吃大餐；难过时，有人拍拍自己的肩膀，递上一杯温暖的咖啡；犹豫不决时，有人像灯塔一样，照亮我前进的方向；累了倦了时，发现有人一直在不远处默默守候。

人生就是一场现场直播，没有彩排，也无法重来。

牌好牌差，都要好好打；生活顺不顺，都要好好过！

张牙舞爪的人往往是脆弱的。因为真正强大的人是自信的，自信就会温和，温和就会坚定。

计较得太多就成了一种羁绊，迷失得太久便成了一种痛苦。过多地在乎会减少人生的乐趣，看淡了一切也就多了生命的释然。

人生短暂，不要让自己活得太累。挤不进的世界，不要硬挤，难为了别人，作贱了自己；做不来的事情，不要硬做，换种思路，也许会事半功倍；拿不来的东西，不要硬拿，即使暂时得到，也会失去。

你要自己发光，而不是折射别人的光芒，夜色难免黑凉，前方必有曙光，你必须努力，才能看起来毫不费力。

选择放弃，是因为懂得有舍才有得。放弃选择，就意味着一

在这个世界上，你再优秀，也不可能万事无忧；你再聪明，也不可能事事都懂；你活得再漂亮，也不可能没有凄凉。

无所有。无论什么时候，都不要放弃选择的权利。

请用黑白两色的眼睛，去观察五彩斑斓的世界。

天狂必有雨，人狂必有祸，做人做事别太过，行走人世间，低调总没错。

最大的失败是自大；最大的无知是自欺；最大的悲哀是自弃；最大的可怜是自卑；最大的破产是绝望；最大的敌人是自己！

我们曾如此渴望命运的波澜，到最后才发现：人生最曼妙的风景，竟是内心的淡定与从容；我们曾如此期盼外界的认可，到最后才知道：世界是自己的，与他人毫无关系。

时间存在的意义就是任何事都不可能立刻实现。

任何事情，总有答案。与其烦恼，不如顺其自然。命运不会亏欠谁，看开了，谁的头顶都有一片蓝天；看淡了，谁的心中都有一片花海。

不是每个人都适合与你一同走向岁月的。有的人，是帮你成长的；有的人，是一起生活的；有的人，是一辈子怀念的。而有些人闯进你的生活，只是为了给你上一课，然后转身离开。

最美的事不是留住时光，而是留住记忆。真正的强大，不是原谅别人，而是放过自己。

生活中，你在意什么，什么就会折磨你；你计较什么，什么就会困扰你。纵使天大的事，当你用顺其自然的心态去面对时，就会发现其实没什么，只是自己想得太复杂而已。

不是每个人都可以成为伟人，但每个人都可以成为内心强大的人。内心的强大，能够稀释一切痛苦和哀愁；内心的强大，能有效弥补你外在的不足；内心的强大，能够让你无所畏惧地走在大路上。

最忙的一天是"改天"，人人都说"改天有空聚"，但"改天"永远没空过。最远的一次是"下次"，人人都说"下次一定来"，但"下次"从没有来过。真正的疏远，总爱穿着热情的衣服；真正的热情，却常穿一身疏远的行头。

人跟人之间的感情就像织毛衣，建立的时候一针一线，小心而漫长，拆除的时候只要轻轻一拉。卸载永远比安装快，失去永远比得到快。

不适合的鞋子，就不要硬塞了，磨的是自己的脚；打电话对方不接，就不要一次次重拨，珍惜你的会第一时间打来；搬走的餐厅，就不要老远过去吃了，你的时间不能一直花在追随的路上。所有人和事，自己问心无愧就好，不是你的也别强求，其实离去的都是风景，留下的才是人生。

生活没有一纸蓝图，更没有标准答案。

真诚是一种勇敢坦诚的生活态度，它是我们思想和行动的出发点和归宿。

我们并非一无所有，而是追随着模糊的光辉来到这里。

说出真理是一件痛苦的事，但被迫说谎更痛苦。

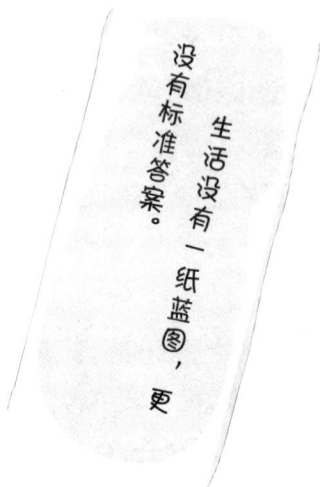

好运不是天生的，背运也不是一天两天形成的。所谓的一鸣惊人，都要十足的努力和付出来支撑。不幸的人或许各有不同；好运的人，却有千篇一律的上进心和执行力。

在世间，本就是各人下雪，各人有各人的隐晦与皎洁。

享乐主义的本质是极度的恐惧。

一句"算了吧"告诉自己，凡事努力但不可执着；一句"不要紧"告诉自己，凡事努力了就无怨悔；一句"会过去"告诉自己，明媚的阳光总在风雨后。

我们听到的一切都是一个观点，不是事实。

千变万化的是人心，纹丝不动的是命运。

每个人的人生都有两条路，一条用心走，叫梦想；另一条用

脚走，叫现实。心走得太慢，现实会苍白；脚走得太慢，梦不会高飞。人生的精彩，总是心走得很美，而与脚步能合一。

人的成长就像是种树。你不要期望种子一落在地里，就马上长成参天大树。这是不可能的。成长，需要时间。

决定今天的不是今天，而是昨天对人生的态度；决定明天的不是明天，而是今天对事业的作为。我们的今天由过去决定，我们的明天由今天决定。

生活里时刻都有挑战，挑战本身不会带来痛苦。自我斗争引发的内耗，才是痛苦的根源。

漫漫人生路，明白行事是聪明，学会"装傻"是智慧。

那些看起来比你勇敢的人，也像你一样害怕。他们只是在黑暗中，把口哨吹得响亮一些罢了。

想要得到世界上最美好的东西，那就先让世界看看最美好的你。

一天八遍照镜子，也不等于容貌美；一天九遍讲空话，也不等于实干家。擅长虚夸的人，是穿着一件不遮的纱衣。

当你老了，回顾一生，就会发觉：什么时候出国读书、什么时候决定做第一份职业、什么时候选定了对象恋爱、什么时候结婚，其实都是命运的巨变。只是角，不是真相。

我们看见的一切都是一个视

当时站在三岔路口，眼见风云千樯，你作出选择的那一日，在日记上，相当沉闷和平凡，当时还以为是生命中普通的一天。

人难免天生有自怜情绪，唯有时刻保持清醒，才能看清真正的价值在哪里。

每个人都有潜在的能量，只是很容易被习惯掩盖、被时间迷离、被惰性消磨。

生活最沉重的负担不是工作，而是无聊。若不抽出时间来创造自己想要的生活，你最终将不得不花费大量的时间来应付自己不想要的生活。

不管你承不承认，人确实是经历了一些事之后，就悄悄换了一种性格。

所谓有趣的灵魂，实际上就是这个人的信息密度和知识层面都远高于你，并愿意俯下身去听你说那毫无营养的废话，和你交流，提出一些你没有听过的观点，颠覆了你短浅的想象力及三观。

人生的大浪永远都会在你没有做好准备的时候扑来，这就是人生的残酷。

我一直觉得成年人自保的方式就是学会放弃和拒绝，一切事物没有开始就不会有伤害，能用钱解决的事就不要用感情，大家现实一点儿，就不会为情所困。

生命本没有意义，你能给它什么意义，它就有什么意义。

与其终日冥想人生有何意义，不如试着用此生去做点儿有意义的事。

你所谓的迷茫，不过是清醒地看着自己沉沦。

每个人首先是并且实际上确实是寄居在自身的皮囊里，他并不是生活在他人的见解之中。

和别人进行比较之所以没有意义，最大的原因是你所羡慕的别人的样子是他的高光时刻，将别人在精心设计的角度和构图之下，修图之后展示出的样子，和自己平常憔悴的样子进行比较，从一开始就是一种错误。

人生最终的价值在于觉醒和思考的能力，而不只在于生存。

人生是一场漫长的对抗，有些人笑在开始，有些人却赢在最终。命运不会偏爱谁，就看你能够追逐多久、坚持多久。

人总爱跟别人比较，看看有谁比自己好，又有谁比不上自己。其实，为你的烦恼和忧伤垫底的，从来不是别人的不幸和痛苦，而是你自己的态度。

一个人的涵养，不在心平气和时，而是心浮气躁时；一个人的理性，不在风平浪静时，而是众声喧哗时；一个人的慈悲，不在居高临下时，而是人微言轻时。

人活着时的一切目的，都只是人生过程中的一个节点，每个人真正的目的地，只有死亡。所以，对一切的目的，其实都不用执着，你也执着不了，不如认认真真地耕耘，在耕耘的过程中，让自己成长和升华。

大环境可以决定你的自由度，但你内心还有一个小环境，那里有你对美好生活的自由裁量权，而这完全在于你的觉悟，在于你对生命、对世界的理解。

所谓一个人的长大，也便是敢于惨烈地面对自己：在选择前，有一张真诚坚定的脸；在选择后，有一颗绝不改变的心。

想要过什么样的生活，就得有什么样的代价，我没有承担那种代价的

能力，所以我甘愿选择默默无闻的平凡。有人活得不平凡，而你只是没看到他的代价而已，何况活成那种不平凡，是没有回头路可走的。

人之所以痛苦，在于追求错误的东西。如果你不给自己烦恼，别人也无法给你烦恼。一切痛苦皆因自己的内心放不下那些无穷的欲望。

没什么好抱怨的，今天的每一步，都是在为之前的每一次选择买单，这叫担当；没什么好抱怨的，今天的每一步，都是在为今后的每一点成功布局，这叫沉淀。

好为人师是一种炫耀，潜意识告诉别人你比他强，这种姿态只要一出来，别人的反感就会生出来。

什么是文化？我最欣赏的回答是作家梁晓声的四句概括：根植于内心的修养；无须提醒的自觉；以约束为前提的自由；为别人着想的善良。

世间从不缺少辉煌的花冠，缺少的是不被花冠晕染的淡定。

不要散布你的困惑和苦厄，更不要炫耀你的幸福和喜乐，那只会使它们变得廉价。做个有骨气的人，纵有千言万语，只与自己说。

一个人只有心怀感恩，才会懂得珍惜、懂得尊重、懂得付出，才会感受到人生的美好，常怀感恩之情，必得善念之恩泽，心境自然安宁。宽恕别人，就是善待自己，是一种福分。

走不通的路就回头，爱而不得的人就放手，得不到的热情就适可而止，别把一厢情愿当成满腔孤勇，也别把厌烦当成欲擒故纵。

人生的旅途，前途很远也很暗。然而不要怕，不怕的人的面前才有路。

勇敢地追求梦想，不畏艰难险阻，才能收获成功的果实。

眉毛上的汗水和眉毛下的泪水，你必须选择一样!

不要在夕阳西下时幻想，要在旭日东升时努力。

生命是需要奋斗的，奋斗与不奋斗，造就的结果截然不同。生无所息，保持奋斗的姿态，让世界变得如此灿烂，让你的人生绚烂多姿。千万不能满足于小溪的平缓，否则你也就满足了自己的平庸；只有欣赏到山峰的险峻，才有机会欣赏自己。

无忧人生

你享受多少幸福就要承受多少不幸，你经历多少不幸必将会得到多少幸福。

我愿意像一根火柴一样，去点燃我的目标。哪怕它是火药，我也在所不惜。即使是牺牲自己，我也会照亮什么，我敢于这样做，我有这个决心。

尊重现在，善待自己；往事不记，后事不提。

如果你觉得路很难走，那么恭喜你，那是上坡路。

人生如梦，白云苍狗，错错对对，恩恩怨怨，终不过日月无声，水过无痕。不屑计较，不屑困扰，开心活着，就是最好。

人的一生其实只有三天。昨天已经过去，明天还未来到，只有今天才最现实。我们要做的是，不留恋昨天的辉煌与遗憾，不期待明天的美好，把今天活好，珍惜今天的每一分每一秒。

颓废的成因是做过于轻松的事情，过于懒惰而无法做好事情，欣赏太多艺术，喜好怪诞异常的东西。

在这尘世中，我们都是行者，都在寻找自己的归宿。何不让心灵更自由，让生命更从容？

人生如梦，梦醒时分才发现一切都是过眼云烟。生活中的繁华与喧嚣、名利与争斗都如梦幻泡影，转瞬即逝。唯有内心的宁静，放下执念，才能得到真正的安宁。

永远不要和不同层次的人论长短，那是一种内耗。

每个人都有自己要面对的功课，无一例外。人生真正的和解来自接纳。

最惨的破产就是丧失自己的热情。

没有人真的很忙，谁的一天都是24小时，所谓忙与闲，不过是心里面觉得哪件事更重要罢了。

行善无迹，步步莲花。人生在世，应该多行善事，不问前程，心无杂念。每一步都如同脚踏莲花，步步生莲，亦步步生香。

健康比其他所有的福气都更重要，以至于说，一个健康的乞丐比一位生病的国王更加幸福。

只有曾经光芒万丈，才有资格归于平凡。

人就是这样，好一下，坏一下；高兴一阵儿，痛苦一阵儿。在自知冷暖中，慢慢学会隐忍；在患得患失中，悄悄学会沉默。

静心观月，云淡风轻。在忙碌的生活中，要学会静心，观照

自己的内心。如同观月，云淡风轻，心中便会有明月常照，静谧安详。

一个人真正意义上的成长，是不再需要外界的认同。你渐渐会发现别人怎么看你一点儿都不重要，你不用和每个人都保持良好的关系，也不用去关心别人的生活，当然也不希望被别人打扰。然后你会发现，你曾经努力追求的被认同、被重视，纯粹是心灵的枷锁，自由和舒适才最可贵，哪怕一个人。

你可以要求自己对人好，但不能期待人家对你好。你怎样对人，并不代表人家就会怎样对你，如果看不透这一点，你只会徒增不必要的烦恼。

读书也好，与人交谈也罢，总之，那些你认为会对将来有所帮助的事情，都去尝试做做看吧。沉浸在某件事情里，把它当作每日必做的功课，自信，慢慢就会回来。

一个人成熟的标志之一，就是明白每天发生在自己身上99%的事情，于别人而言根本毫无意义。

成功就是从失败到失败，也依然不改热情。

一茶一世界，一叶一菩提。生活中的一茶一饭、一叶一花，都蕴含着深深的禅意。用心品味生活，便能从中领悟到生命的真谛。

远离那些故意磨灭你自信让你变自卑的人，多去接触那些阳光爱笑充满正能量的人，时间久了，你会觉得你的生活变得明朗了。

人生只有两件大事，一件是生，另一件是死。所有人间的烦恼和不顺之事，全都是小事。人生苦短是常态，看破放下才能解脱，激活人生烦恼，皆因斤斤计较。看淡一切，放下一切，计较无影，烦恼无踪。一个人要吃得起苦，要学会忍耐，要像海绵一样，挤得再痛苦也会恢复原样，兴致昂扬，积极向上。

内心丰富的人，才可能过好简单且平凡的日子，这种丰富指的是一个人对平淡生活的再创造力，让死气沉沉的生活恢复生机。

心如明镜，映照万物。心如止水，波澜不惊。只有让内心如同明镜一样，平静如水，才能映

照出万物的真实面貌，领悟生命的奥秘。

年轻的时候，连多愁善感都要渲染得惊天动地，长大后却学会越痛，越不动声色；越苦，越保持沉默。成长就是将你的哭声调成静音模式。

做人一辈子需要有四种人陪伴着你，这四种人也是你离不开的。第一种人——名师指路；第二种人——贵人相助；第三种人——亲人支持；第四种人——小人，能够激励你更好地生活。没有别人嫉妒你，你不会成为一棵青松；没有各方面的嫉妒，你的心胸永远不会扩大。

在这个世界上，没有能回去的感情。就算真的回去了，你也会发现一切已经面目全非。唯一能回去的只是存于心底的记忆。是的，回不去了。所以，我们只能一直往前。

让你增加魅力的两个心法：一旦决定了，那就是最好的决定，坚定的心态让你熠熠生辉。一旦发生了，那就是最好的发生，无忧无怨的心态让你轻盈清爽。

盛极则衰，月满则亏。凡事留三分退路七分人生，刚刚好。

把自己还给自己，把别人还给别人；让花成花，让树成树。

学会和自己独处，心灵才能得到净化。独处，也是灵魂生长的必要空间。只有静下心来，才能回归自我。

遇到欣赏你的人，学会笑纳；遇到你欣赏的人，学会赞美；遇到嫉妒你的人，学会低调；遇到你嫉妒的人，学会转化；遇到不懂你的人，学会沟通；遇到你不懂的人，学会理解。

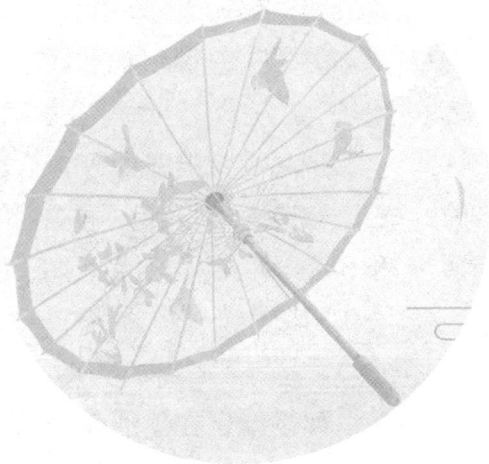

别为难自己，活得像你自己就行了。

与其朋友圈字斟句酌，不如现实中好好生活。

人生没有假设，当下即是全部。总是看到比自己优秀的人，说明你正在走上坡路；总是看到不如自己的人，说明你正在走下坡路。与其埋怨，不如思变。

人要有定力，定力来自两个东西，一个是明确坚定的价值观，清楚自己要什么，对于社会上的各种潮流，有自己的判断；另一个是认识自己，清楚自己是一个什么样的人，自己的性情、禀赋、能力在哪里，从而找到自己合适的位置，然后努力地走下去，并去成为好的自己。

在所有的大城市里，总有些自成一体、不通往来的圈子，它们是大世界里的小世界，过着各自的生活，只有成员之间才会互相来往。它们如同居住在孤岛之中，当中隔着无法通航的海域。

成熟就是越来越能接受现实，而不是越来越现实。如果越来越冷漠，你以为你成长了，其实没有。

生活就像一杯白开水，你每天都在喝，不要羡慕别人喝的饮料有各种颜色，其实未必有你的白开水解渴。人生不是靠心情活着，而要靠心态去生活。调整心态看生活，处处都是阳光。

人一定要禁得起假话、受得住敷衍、忍得住欺骗、忘得了承诺、放得下一切，百炼成精，淡定从容。

每个人都会有一段异常艰难的时光——生活的窘迫、工作的失意、学业的压力、爱得惶惶不可终日。挺过来的，人生就会豁然开朗；挺不过来的，时间也会教你怎么与它们握手言和。

把真心留给对的人，给自己一个安心，让自己不再白白付出，让岁月温和，让每个明天都充满阳光。

如果你还在乎别人说你什么，那你一定也在潜意识里认同别人说你的东西。只有你真正强大了，才可以不惧怕任何言论。

与其困在过去，不如活在当下；与其蹉跎现在，不如释然过往。

成年人的崩溃时间最多20分钟，毕竟大家的时间都是那么宝贵，再怎么难过、哭泣，该做的事还是要做，该睡的觉还是要睡，该走的路还是要走。

成熟的人不问过去；聪明的人不问现在；豁达的人不问未来。

你对自己的要求在哪里，收获就会在哪里。想在七点醒来时看到五点的美景，是不可能的，只有在四点钟整装待发准备好一切，找好角度和位置，才有可能看到五点最美的那片景色。

往事随风不必追，未来光明等你来，要记得九个字：想得开、放得下、拿得起。

想尽办法去钻进一个圈子，绞尽脑汁去取悦爱的人，踮起脚尖来证明自己比别人高，都比不上好好取悦和充实自己。

不必太纠结于当下，也不必太忧虑未来，人生没有无用的经历。当你经历过一些事情后，眼前的风景已经和从前不一样了。

真正能给你撑腰的是丰富的知识储备，足够的经济基础，持续的情绪稳定，可控的生活节奏，和那个打不败的自己。

活得潇洒一点儿，让笑容成为心情，而不是表情。

生命中碰到的问题，全是为你量身定做的，你要勇敢面对。有些路，没有捷径；有些事，没有绝对；有的人，没有懦弱，只有坚强。要知道，人生的弯路，

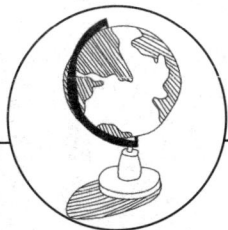

非走不可。

制胜不凭体力靠智力，成功不靠奇迹靠轨迹。成功不在于是否拿到好牌，关键在于能否将手中的坏牌打好。人生最重要的是知道自己去哪里。

真正让你成长的永远是那些让你害怕、逃避、疼痛的事情。

去经历，然后去后悔，去做你想做的，去选你爱的，而不是别人眼里正确的，你的一辈子应该为自己而活。

当一个人与你完全不在一个频率上时，就算你说的每一个字都有道理，他也听不进去。而且你说得越有道理，他就越觉得你很烦。

活得糊涂的人，容易幸福；活得清醒的人，容易烦恼。

生活就像白酒，看着无味，身在其中方能体会生活的酸甜苦辣。

人其实不需要太多东西，健康地乐着，平安地活着，真诚地爱着，已经很富有。生活累，一小半源于生存，一大半源自攀比。

不轻视自己，也别贬低他人，在每一个日出日落间，活出真实的自我。

人生在世，开心就好。给自己一片天空，无论风雨，勇敢飞翔；给自己一抹微笑，从容白信，洒脱坚定。上天给予我们的，我们就该欣然地接受，而不该累及他人，看淡了苦、淡然了累，生活依然很美好。

没有过不去的事情，只有过不去的心情。人最值得高兴的事：父母健在、知己两三、盗不走的爱人。其他都是假象，别太计较。

生活就像一架钢琴：白键是开心，黑键是悲痛。但是要记住：只有黑白键的合奏才可以弹出美妙的音乐。

人这一辈子，怎么都是过，与其皱眉头，不如偷着乐。冬天别嫌冷，夏天别嫌热，有钱别装穷，没钱别摆阔，闲暇养养身，每日找找乐，苦辣酸甜都尝过，才算没白活。

人生的确很累，看你如何品味；世界不完美，生活也就是难免有缺憾。幸福是一种对照，因为流过泪，所以笑得更甜美。收起抱怨的心，让心灵的镜子照向光明，让黑暗躲到角落里，眼不见心不烦。

过去的事就不要再过多地计较了，每个人都有每个人的不幸。不过，不幸也是一种人生的风景。热爱生活的人，是不会抱怨不幸的，只会感谢不幸的发生和存在，因为经历这样或那样的不幸之后，人生才会更成熟。

大凡人世间的痛苦，多是源于放不下。生命太短，没时间留给遗憾。

善良其实很简单：看见人家墙要倒，如果不能扶，那么不推也是一种善良；看见人家喝粥，你在吃肉，如果不想让，那么不吧唧嘴也是一种善良；看见人家伤心落泪，如果不想安慰，那么不幸灾乐祸也是一种善良。

不要唉声叹气，走路抬头挺胸，多呼吸新鲜空气，这样阳气才能上升，有了精神气，才能旺财旺运。

如果你喜欢一匹马，不要试图追它，你肯定追不上。你应该去种草种花，待到草长莺飞的季节，马自然会回来找你。如果它不来呢？没关系，你有了草和花，有了独特的魅力和资本，那匹马不来，别的马也会来。

本事不大，脾气就不要太大，否则你会很麻烦；能力不大，欲望就不要太大，否则你会很痛苦。

快乐有三法：舍得、放下、忘记。快乐有四要素：可以改变的去改变，不可改变的去改善，不能改善的去承担，不能承担的就放下。

世界上没有所谓的玩笑，所有的玩笑都有认真的成分。多少真心话在玩笑中说出口，只是不想懂的人，怎么都不会懂。

不要去羡慕别人的表面风光，其实每个人都有自己内心的苦。烦恼不过夜，健忘才幸福。

想得太多会毁了你。若无其事，才是最好的报复。何必向不值得的人证明什么，生活得更好，是为了自己。

不是每个人都值得你善良对待，不是所有人都值得你忍让包容，善良有尺、忍让有度，和不懂感恩的人保持距离，和得寸进尺的人不再联系。

忠实于自己的感觉，认真做每一件事；不要烦，不要放弃，不要敷衍。哪怕写文章时标点符号弄清楚，不要有错别字，这就是所谓的自己救自己。我们都得一步一步救自己。

困难，就是困在家里万事难；出路，就是出去走走就有路。人最大的魅力是有一颗阳光的心。

心里满是阳光，才是永恒的美。人一简单就快乐，一世故就变老。人生就是昨天越来越多，明天越来越少。

人生，没有过不去的坎儿，你不可以坐在坎边等它消失，你只能想办法穿过它；人生，没有永远的伤痛，再深的痛，伤口总会痊愈；人生，没有永远的爱情，没有结局的感情，总要结束；不能拥有的人，总会忘记。慢慢地，你不会再流泪；慢慢地，一切都过去了……适当地放弃，是人生优雅的转身。

在人之上，要把人当人；
在人之下，要把自己当人。

当一个人感到很知足、心不烦、身不疲、无所求、心能安的时候，快乐就在其中。当一个人感到吃得下、玩得动、睡得好、没牵挂、很满足的时候，幸福就在其中。

讨厌的话，就讨厌吧，远离讨厌的人，这也是享受快乐人生的诀窍。祝你我都有被讨厌的勇气，也祝你我都有勇气大方结束消耗自己的人际关系。

这个世界唯一不变的真理就是变化，任何优势都是暂时的。当你在占有这个优势时，必须争取主动，再占据下一个优势，而这需要前瞻的决断力、需要智慧。

你人生的起点并不是那么重要，重要的是你最后抵达了哪里。

有钱，把事做好；没钱，把人做好，这就是人生！

无论做什么事，都不要过于拿自己的价值观和生活方式去打扰别人的生活，甚至企图改变别人，有时候微笑附

人不会苦一辈子，但总会苦一阵子。许多人为了逃避苦一阵子，却苦了一辈子。

和比激烈反驳会让你更可爱。

什么时候开始都不算晚，无关年龄、背景，只需不断努力！当你开始去做一件事，就已经成功了一半，剩下的就是坚持到底！

临事让人一步，自有余地；临财放宽一分，自有余味。做人不能只有一双美丽的眼睛，更要有一种智慧的眼光。

一个人最可悲的就是为了别人的看法一味地改变自己，到了最后，做不成别人，也找不回自己。

创造财富需要机遇、胆识和魄力，守护财富需要一个正确的财富观和智慧。

到了一定年龄，便要学会寡言，每一句话都要有用、有重量。喜怒不形于色，大事淡然，有自己的底线。

抬头做人，闷头做事。不逐

人的一生本来就是一场有来无回的冒险。

人生就像一本书，每一页都充满了故事和智慧，让我们去细细品味。

虚名，不闻杂音。

失去并不可怕，可怕的是你总是怀念过去。

每个人都有自己的价值和特长，不要因为别人的评价而否定自己。你是独一无二的，你有你自己的光芒。只要你相信自己，勇敢地去追求你的梦想，你就一定能够实现它。

生活中总会有一些不如意的事情，但是我们不能因此而消沉。我们要学会调整自己的心态，看淡生活的烦恼，保持乐观和积极的态度。因为，只有心态好，才能面对生活的种种挑战。

其实人生也如四季：天真浪漫的童年是人生的春天，血气方刚的青年是人生的夏天，沉稳持重的中年是人生的秋天，蹒跚伛偻的老年是人生的冬天。但只要保持心灵的春天，生命将永远年轻。

山前有路

山前有路，云上有梯，只要心向善，何处不是修行之所。人生需要耐心，才能看到渐生的白发和慢慢爬行的岁月。放慢脚步，倾听内心的声音，跟随善念，循着那条前人踏过的足迹，跨过山壑，找到自己的归属。莫让浮躁遮蔽了双眼，迷失了方向，要明白，生活中的困厄与挫折都是修行的过程，让我们更加坚定地向前进。

如果你懂得使用，金钱是一个好奴仆；如果你不懂得使用，它就变成你的主人。

人生就像一场旅行，有时候我们会在繁华中迷失方向，但在最困难的时候，只要坚持前行，总会看到柳暗花明的时刻。

不要刨根问底，不要得理不饶人，不要企图改变他人，不要以自己的道德标准要求他人。要学会理解最奇怪的事物，学会欣赏与自己距离最远的艺术风格。

一个人经历越多真实虚假的东西以后，反而没有那么多的酸情了，只是越来越沉默，越来越不想说。挫折经历得太少，才会觉得鸡毛蒜皮都是烦恼。

不是因为你很有钱，你才能谈财富管理，财富管理人人都需要；而是只有你提前树立了一个正确的财富观，管理好自己的人生，你今后才会更有钱。

做人可以不聪明，但一定要有分寸感，每个人都要找到自己的位置，应该是你的，才是你的，不该是你的，连搭腔都不要。宁可藏拙，也不要露怯，话说得越多，反而显得自己越浅薄。人要实，话要藏，用做事的结果来征服人，而不是说服人。

生活不是战场，无须一较高下。人与人之间，多一分理解就会少一些误会；心与心之间，多一份包容，就会少一些纷争。

人生是一场修行，需要不断完善自己，在完善的过程中见识越来越多的人与事，度过数不尽的苦与难。度过了，也就看淡了；看淡了，苦就没了。人生最大的善果，不是超越某人或某事，而是放下自己的狭隘和无知。

我们这一生，能成功当然好，不能成功就平平静静过好自己的生活。就好像是发胖了调侃几句继续吃，生气了吵吵两句扭脸就忘，吃完饭可以一家人一起散散步、街边拎回半个西瓜。也许我做不成大事，但我过得好

小日子。谁又能说这样的生活不好呢?

无论是工作还是做人，傻子才用嘴说话，聪明的人用脑子说话，智慧的人用心说话。

有能力时，就做点儿大事；没能力时，就做点儿小事；有权力，就做点儿好事；没权力，就做点儿实事；有余钱，就做点儿善事；没有钱，就做点儿家务事；动得了，就多做点儿事；动不了，就回忆开心的事。

从来茶倒七分满，留下三分

如果你在错误的路上，奔跑也没有用。

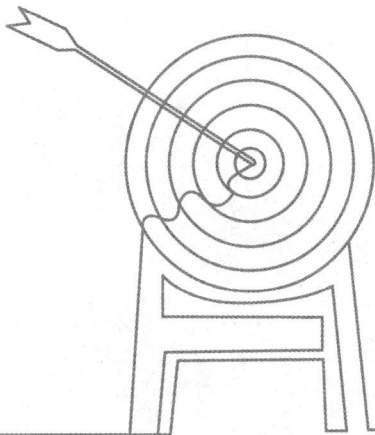

聪明的人切忌太明察；刚强的人切忌太暴躁；温和的人切忌优柔寡断。

是人情，倒七分满，才不会水溢烫手。为人处世也是如此，事不要做绝，话不要说尽，要懂得为自己和他人留余地，明白水满则溢、月盈则亏。

不要想着所有人都会喜欢你，有人喜欢你，那就绝对也会有人讨厌你。通俗一点儿讲就是，要想得到所有人的喜欢，最终就会被所有人讨厌。

己所不欲，勿施于人，自己不想做的事，不要强加给别人，给自己留条退路，就是给自己设计好出路。

未经他人苦，莫劝他人善，如果不了解情况，就别试着用大道理劝说对方。

远离让自己不舒服的人和事，一个人、一件事都不要有所保留。

有些人觉得做人要真，所

以说话要直，实话实说是真，但实话全说就是蠢。说话留三分含蓄，既是教养，也是余地。

不管你有多优秀，也别想着去改造别人，改变别人难上难，调整自己最简单。

永远不要自卑，因为你永远不知道自己会遇到什么样的机会和挑战。

读万卷书，行万里路。人生的意义归根结底就是和自己投缘的人，一起去走走这个世界！

你之所以会觉得累，是因为你说的比做的多，欲望大过本事。想要改变却又无能为力，想要顺其自然却又无法心安理得。

千万不要和人争论无关紧要的问题，就算你是对的。吵架赢了也没有任何收获，吵架输了，损失了一个朋友。另外，不同层次的人是不可能达成共识的。

被人嘲笑的时候，懂得无视和自嘲，才是最好的应对方法。

弱者面前，不彰显自己，懂得帮人难处；幼者面前，不倚老卖老，懂得给人呵护。人这一辈子，低调做人，稳重做事；真诚交往，善良处世；和人相处懂让步，与人往来要谦虚。

人品好，才能长久发展，好人品，才是立世根本。

走不出自己的执念，到哪儿都是囚徒，人生本过客，何必千千结，解开一个结，就渡了一个劫。

不专注的本质是贪婪，而从历史案例来看，过度贪婪的人最终大概率都是失败的，而我身边那些愿意专注做一件事的人，往往没有不厉害的。心甘情愿的孤独是最好的人生状态，那些最优秀的人，往往能在没人看到的黑暗中成长。

打人不打脸，揭人不揭短，无论何时何地，都要注意给人留面子、给人台阶下，不要把人逼到绝处。

人的眼界永远不会超越自身的高度，你在自己身上看不到的部分，在他人身上也看不到。你自身的智力水平决定了你对他人的理解程度。

一个清醒者，他面对一些不能与自己思想同步的人，即使不被理解，忧愤难安，然而心地沉稳，已有答案，不需要勉强别人去认同。

人要走过千万重山，抵达高山顶端之后，再甘愿放低自己以平常心做人，但这只能属于有觉悟的人。

独立思考能力很强，凡事有主见，会听取别人的意见，但不会盲从他人，更不会被他人操控。

今天比昨天慈悲，今天比昨天智慧，今天比昨天快乐，这就是成功。

舌为利害本，口是祸福门。你的言语中，藏着你的运气。

会说话的人，一言一语中都懂得照顾别人的感受，与之相处，让人如沐春风。

荀子说："与人善言，暖于布帛；伤人之言，深于矛戟。"

会说话，是一种能力；好好说，是一种智慧。

着急的事，慢慢说；尴尬的事，幽默说；没把握的事，谨慎说；没发生的事，不胡说；做不到的事，别乱说；伤害人的事，不能说。

言行在美不在多，只有说得漂亮，才能活得漂亮。

言恳者多吉。口中留德，给人留面，让人舒心，运势才会越来越通达。

迷茫和焦虑，很多时候是因为我们把自己困在了固有的思维里。当眼前的路走不通时，不妨让思路转个弯，重新出发。如果眼前的状况无法改变，从其他层面想想，也许会有新的可能。打开自己的视野，从多角度分析，拓宽思维的宽度与广度，久而久之，做事会越来越顺。

什么事都为自己而做，为自己而活，活出精彩，自然会让人刮目相看。

当你身处黑暗之中，才会看到平时忽略的美好；当你春风得意之时，反而容易计较别人的小过失，眼里容不下一粒沙子。

人生在世，我们并不见得高尚多少。

当没人知道你在做什么时，生活会变得更好。

强中自有强中手，一山还比一山高，永远不要高估自己，也不要低估别人。

别人背后说你坏话时，不要回击他，这样做在别人看来，你俩是同一类人。

感激每一个对你好的人，因为善意的付出是如此珍贵。

不管在哪里，不管做什么，永远把自己放在首位。记住，这个世界真正用心在乎你的或许只有你自己。

对待人情世故，我们不能太天真和单纯，但也不能太过冷漠和自私，要保持一种理智和善良的心态。

人生中的一言一行、一举一动，造就了今天的你。

存善心、说善言、行善事，必得善果。

做人，踏踏实实、安分守己；做事，光明磊落、无愧于心。

得道多助，路自宽行。

你所种下的善良，会在不经意间回

报给你意想不到的惊喜与好运。

保持清醒的头脑，是远离焦虑的前提。每当遇到问题时，试着问问自己："他说的一定对吗？换成我，会怎么做？"当你习惯用独立的眼光看待事情，就不会人云亦云；当你学会用辩证的方法分析问题，就不会偏激盲目。

一艘没有目标的帆船，任何方向的风都是逆风。人生也是如此，浑浑噩噩没有目标，只会让时光蹉跎。想让现状有所改变，就要清楚自己的目标是什么。找到内心的渴望，明确前进的方向，是转败为胜的关键。当你有了想要追逐的东西，前方的旅途注定充实而有希望。

人生在世，一时的低潮在所难免。当焦虑情绪包围你的时候，认清自己、反省自己、修正自己，远比沉浸在不安的情绪中更为宝贵。认清自己真实的需

求，理性分析陷入困境的原因，只有这样，你才能在下次危机来临时，做出更加成熟的选择。

一般人如果不亲自经历更恶劣的环境，就永远不知道自己原来所处环境的优越性；不落到山穷水尽的地步，就永远不懂得珍惜自己原来拥有的一切。

生命是自己的，不必用别人的标准来框定自己的人生。如果想讨好所有人，满足所有人的标准，最终只会迷失自己。试图让所有人都喜欢你，是徒劳无功的。

人生就是这样，你就得不断地把自己当敌人，不断打败过去的自己。

肉眼看不见云层上面的世界，同样也看不见阳光下隐藏的黑暗。

遭遇挫折与打击，抱怨与愤

恨只是弱者的逻辑。

出问题的时候，先问自己哪里做得不好或者哪里出了问题，也就是反求诸己，而不是去埋怨和责怪别人，这样才能快速进步。

要品味生活的浪漫，你得有点儿演员精神，必须像个旁观者，对自己的所作所为既超然事外又忘我投入。

别人再好，也是别人；自己再不堪，也是自己，独一无二的自己。只要努力去做最好的自己，一生足矣。为自己的人生负责，为自己的梦想买单。

事物是否确实存在，取决于是否有人谈论。

初心之外，还要用心。

流水可能会绕路，但绝不会回头。

要是靠干劲儿去行动，往往在困难中，干劲儿就会不断地折损，很快就没了。所以，只有行动能滋养更好的行动，而不是什么其他东西。

不管眼前的状况多么残酷，既不能怨恨，也不能屈服，而是要一以贯之地积极应对，这才是实现幸福人生的秘诀。

什么时候开始都不晚，晚的是你总不开始。

人需要的不是去应付什么，而是去做什么，或者说是成为什么。

你是你达成目标道路上唯一的障碍。

没人对你说"不"的时候你是长不大的。

所有随风而逝的都属于昨天，所有历经风雨留下来的才是

面向未来的。

一个人可以被毁灭，但不能被打败。

我总认为人生在世，不会这么容易得到幸福。幸福好比魔岛上的宫殿，有恶龙在把守大门，只有经过奋战才能赢得幸福。

苦难不会没完没了，当然幸运也不会永远持续。得意时不忘形，失意时不消沉，每天勤奋工作，这比什么都重要。

让以前的事都过去吧，和以前的世界一刀两断，再也不想听到它的任何情况、任何消息，到一个新的世界、新的地方去，从此不再回头！

人，没有优点和缺点，只有特点。

一代人必须抛弃另一代人的业绩，因为只有抛弃那搁浅了的船，我们才能继续前进。

我们生活在这个世界上，每个人都是在单枪匹马地战斗。

生活总是让我们遍体鳞伤，

但到后来，那些受伤的地方一定会变成我们最强壮的地方。

终于我稍稍冷静下来，瞧了瞧周围，十分惊讶地发现别人照样生活，并没有因为我的不幸而停止。

没有时间磨不掉的记忆，没有死亡治不愈的伤痛。

人的生命并非从出生那一刻开始，而是在自由地做出某个重大决定，选择了自己的人生道路之际才开始的。

生活只不过是反复完成持续不断的欲望。

理想对我来说，具有一种非凡的魅力。我的理想……总是充满着生活和泥土气息，我从来都不去空想那些不可能实现的事情。

无论何时何地，只要我们心怀希望，山前总会有一条通往成功的道路等待着我们去开拓。

现在不努力，未来不给力。

经历爱情

因为你爱我，我感觉整个世界都属于我。

爱情是梦中的彩虹，绚丽而短暂。当我们爱上一个人时，就如同在心头种下了一颗种子。这颗种子可能开出美丽的花朵，也可能结出甜美的果实，但无论如何，它都需要我们用心去呵护、用爱去灌溉。

爱你的人如果没有按你所希望的方式来爱你，那并不代表他们没有全心全意地爱你。

爱情最主要的成分是温柔。

若是有缘，千山暮雪，万里层云，终会重逢；若是无缘，自

此一去，天涯海角，再难相会。

爱情如同流水，有时平静，有时汹涌；有时我们会遇到风雨，有时我们会遭遇波折，但这些都是爱情成长的过程。

爱情如同晨露，短暂却美丽，无须过于执着。人生如同行路，需有执手之伴，亦有独自行时。在时间的河流中，我们会遇到各种各样的人，有的擦肩而过，有的留下微笑，有的则成为我们生命中的伙伴。

彼此尊重、旗鼓相当的爱人与关系，才是愉悦而长久的。

当你真的变得越来越好时，

当你的生活、工作和学习圈子都充盈而富有魅力时，追求你的人的数量和质量都会呈几何级数飙升。

每个人都有属于自己的一片森林，也许我们从来不曾去过，但它一直在那里，总会在那里。迷失的人迷失了，相逢的人会再相逢。

有时候，放手也是一种爱，给自己和他人留有自由的空间。

经一场大梦，梦中见满眼山花如翡，如见故人，喜不自胜。

青春是打开了就合不上的书，人生是踏上了就回不了头的路，爱情是扔出了就收不回的赌注。

这辈子，能大半夜从被窝里爬起来给你倒水做饭的人，除了

我是那深深的大海，你是那自海的另一边升起的曙光，永远照亮我的人生。

妈妈之外，也就剩下爱你入骨的人了。一生之中，不过饱餐与被爱；一生所求，不过温暖与良人；一生所爱，不过守护与陪伴。

时间会慢慢沉淀，有些人会在你心底慢慢模糊。学会放手，你的幸福需要自己的成全。

爱情，如果不落实到穿衣、吃饭、数钱、睡觉这些实实在在的生活里去，是不容易天长地久的。

有些人喜欢你是因为你漂亮好看、有趣又好玩儿，这些喜欢暗藏着很多欲望。而有的人喜欢你是因为看见你哭和狼狈，知道你辛苦而又平凡，允许你不美又不乖，还想把肩膀和糖果都给你。

别光迷恋爱情，人品比这更重要。爱情是暂时的，人品是永恒的。

当爱情慢慢淡去，两个人的关系是靠善良维系的。好好看待他如何对待身边的人，或许那就是你将来的生活状态。

伸手需要一瞬间，牵手却要很多年，不管你遇上谁，他会是

新鲜感会过去，责任和教养不会。

爱人的人是易被伤害的，因为他是向对方完全敞开的。

你生命该出现的人，绝非偶然。

爱情是什么？爱情是见面时欢喜，不见时想念、包容和慈悲。最好的爱情，始终是温润的。

对爱的人尽量做到不离开、不放弃；对恨的人尽量做到不接触、不攻击；其他人请随意，没所谓，无涟漪。

爱是想触碰时缩回手。

生活有苦有甜，才叫完整；爱情有闹有和，才叫情趣；心情有悲有喜，才叫体会；日子有阴有晴，才叫自然。一生很短，不必追求太多；心房很小，不必装得太满。

慢慢大家会明白的，无法跟喜欢的人在一起，其实是人生的常态。慢慢大家也都会明白，爱不爱、可不可以在一起、能不能结婚，是三件截然不同的事情。

互相迁就才最长远，双向奔赴才有意义，我心疼你的不容易，你宠着我的小情绪。

真正的爱情总是使人变得美

好，不管激起这种爱情的人是什么样的人。

真正爱你的人，是先低头，等你情绪稳定了，再教你人情世故，而不是非要争个输赢。

要使婚姻成功，光有爱是不够的。

在疼爱你的人面前，你永远都只是个孩子；在不爱你的人面前，你永远只能做条汉子。

爱情与金钱是一架飞机的双翼，缺一不能飞翔。

时间让我无法和你在生命的相同阶段经历相似的悲喜，而空间则是在你经历那些悲喜的时候，我无法陪在你身边。

怎样才能真正喜欢上一个人？当我看到这些话时，我想起了你的名字。

海的女儿是为了告诉你，即使你为了爱一个人，把尾巴变成了双腿，天天困在厨房里，但是只要你愿意穿回那条鱼尾裙，你仍然是那个最漂亮的美人鱼。

爱是摒弃傲慢与偏见之后的曙光。

爱就像一棵树，它自行生长，深深地扎根于我们的内心，甚至在我们心灵的废墟上也能继续茁壮成长。这种感情越是盲目，就越发顽强，这真不可思议。它在毫无道理的时候反倒是最强烈。

千万不要去相信和谁结婚都一样的鬼话。因为对的人，穿越十八层地狱，他也能把你拉回人间；而错的人，就算你在天堂，他也能将你拽回地狱。慢慢地你就会发现，原来一个好的伴侣真的可以减轻一半的人间疾苦。

爱情就如一朵花，只有待到

我才知道最难过的事是我在慢慢失去你，却又无能为力。

山花烂漫时采摘最为合适。在对的时间遇见对的人，是一种幸福；在对的时间遇见错的人，是一种悲伤。

年少轻狂的爱情都是自己幻想出来的，真爱往往是爱上了另一个版本的自己。

爱是一场博弈，必须保持永远与对方不分伯仲、势均力敌，才能长此以往地相依相惜。因为过强的对手让人疲惫，太弱的对手令人厌倦。

可以爱他的英俊、爱他的聪明、爱他的才华，但是，请不要只爱这些。他的英俊、他的聪明、他的才华、他的钱、他的事业，都是属于他的，只有他对你的好，才是他对你的情意。

傲慢让别人无法来爱我，偏见让我无法去爱别人。

如果你爱一个人，随遇而安，让他（她）自由地飞，如果最后他（她）还是回到你身边，那就是命中注定的。

如果你爱一个人，并且也希望他（她）爱你，那你一定要让自己心中盛满爱，这样他（她）才会感觉到。

年少的我们不懂爱情，他对她真心与否她不知道，或许她应该试着去相信他，试着去赌一场，谁知道万丈悬崖下的风景是不是百花齐放呢？

对的人是磨合出来的，跟你绝配的爱人，并不是天然产生的。你们一见钟情，并不代表会相处融洽。相处融洽的，不一定会忠心耿耿。真正绝配的爱人，其实都靠打磨。你改一点儿，他改一点儿，虽然大家都失去点儿自我，却可以成为默契的一对儿。相爱和相处是两回事。相爱是吸引，而相处是为对方而改变。

爱上你，爱上了爱情的甜蜜；爱上你，爱上了爱情的痴迷；爱上你，爱上了爱情的憧

爱，就是没有理由的心疼和不设前提的宽容。

憬；爱上你，爱上了你的所有。

没有人是生来就无情的，都是经历并看到了太多自己不想看到的，而最终选择了关上自己的某扇门。

有时候，你漫不经心的一句话，就温暖了我整个心房。

谁的指间滑过了千年时光；谁在反反复复中追问可曾遗忘；我等你用尽了所有的哀伤；而你眼中却有我所不懂的凄凉。

你终于要走了，但你把花的形象留了下来，你把花的芬芳留了下来，你把我们共同浇灌的期望也留了下来。

我没有遭遇过什么事，也没经历过什么人。我只是路过了他们，反正这么多年，就这样此消彼长，竟也活得刚刚好。

蓦然回首，携手风雨一年，说长不长，说短也不短，而彼岸的你是否看见我在花丛中微笑的模样？是的，那正是为你绽放的欢颜、为你微笑的嘴角，也是为你开起心灵之窗的钥匙。轻轻叩响，让爱住进空城，满面迎风，想念因此而芳菲四季……

良善的人际关系

在你未来的人生道路上，你常常会发现不由自主地被当作知己，去倾听你熟人的隐秘。你的高明之处不在于谈论你自己，而在于倾听别人谈论自己。

即使整个世界恨你，并且相信你很坏，只要你自己问心无愧，知道你是清白的，你就不会没有朋友。

你认识多少人和你有多少朋友完全是两码事。这就像你见过多少钱和真正有多少钱是一样的道理。

友谊像清晨的雾一样纯洁，奉承并不能得到友谊，友谊只能用忠实去巩固。

如果你不够优秀，人脉是不值钱的，它不是追求来的，而是吸引来的。只有等价的交换，才能得到合理的帮助——虽然听起来很冷，但这是事实。

做人的最高境界不是一味低调，也不是一味张扬，而是始终如一的不卑不亢，挖掘每个人身上的优点，真诚地赞美别人。

每逢你要批评别人的时候，你就记住，这个世界上所有的人，并不是个个都有过你拥有的那些优越条件。

做一个特别简单的人，好相处就处，不好相处就不处。不要一厢情愿地去迎合别人，你努力合群的样子并不漂亮，不必对每个人好，他们又不给你打钱。

小事面前，一丝不苟；
大事面前，临危不乱；
责任面前，敢于担当；
困难面前，勇于挑战；
压力面前，一肩扛起；
出现问题，理智处理；
这样的人，最靠谱！

人和人之间是不能生分的。生了一分，剩下的九分都会跟着走，只有小孩子才会问你为什么不理我，而成年人都是默契地离开。

凡事爱出风头的人，必然会遭小人在背后挤对；事事喜欢争强好胜的人，则必定会招小人在背后诽谤打击。

过于欣赏自己，就发现不了别人的优点；过于赞赏别人的优点，就会看不到自己的长处。

人与人相处和睦，最重要的一点是：不必拿自己的生活方式去要求别人。

卑微地讨好别人，只会换来别人的无视。只有自身强大了，才能换来别人对你的重视；只有平等地对待，才能换来真正的尊重。

与人交往还是少说话，克制表达欲，平静温和就行，试想哪一次滔滔不绝后，带来的不是悔恨？

嘴上吃些亏又何妨，让他三分又如何。人人都需要被尊重，人人都渴望被理解。水深不语，人稳不言。学会淡下性子，学会忍住怒气面对不满。

家宴，高于一切酒局，愿意约你参加家宴的人，才是真心实意结交的朋友。

无论是对事还是对人，我们只需要做好自己的本分，不与过多人建立亲密的关系，也不要因为关系亲密便掏心掏肺，切莫交浅言深，应适可而止。

人脉不是你认识谁，而是在你需要的时候，有谁能够帮你。

谁都有雨天没伞的时候，你在下雨时默默为别人撑了一把伞，日后若有雨落到你身上，也会有伞撑在你肩头。你不为别人遮风挡雨，谁会把你举过头顶？人这一辈子，永远都是相互的。

人与人相处，伤什么，别伤人面子；戳什么，别戳人心窝；道什么，别道人长短；忘什么，别忘恩负义！

碰到别人的难言之隐，何必去拆穿；看到别人的左右为难，何必去笑话；听到别人的失落自嘲，何必去附和。

做人：

利益别占尽，让人几分；

说话别太傲，谦逊几分；

处世别太狂，低调几分；

对人别太狠，宽恕几分。

给别人留了尊严，

就是给自己攒了人情；

给别人让了退路，

就是给自己铺了后路。

你施于别人，别人会回敬于你。你给世界几分爱，世界会回你几分爱。爱出者爱返，福往者福来。种下宽容，收获博爱；种下愉悦，收获快乐；种下满足，收获幸福。

三人行，必有我师。不要只看到周围人的缺点，应该多去发现他们的优点，然后学习。

看上去和谁都处得来，却不会轻易掺和到某种势力中，不会轻易与人交心，尤其是在实力不够时，总是能做到独善其身。

不谄媚求人，就没有人辱你；不卑微留人，就没有人伤你；不低三下四，就没有人笑你。生意场上嘲笑你的人，利益再大也不合作；生活中看不起你的人，感情再深也不靠近。

开始让人舒服的，一定是言

礼尚往来，真诚相待。无论什么时候，人和人之间的相处之道都是投桃报李，互依互靠。

语；后来让人舒服的，一定是人品。生活中不全都是利益，更多的是相互成就、彼此相依。成熟的标志就是能够承受委屈。只有看透人情世故，而非逃避，才会遇事看清谁是真情流露，才会真正发觉谁是虚情假意。

不管和谁沟通说话，都有不怯场的气场。不管对方的身份和地位比自己高多少，都能做到不卑不亢。

你的好对别人来说就像一颗糖，吃了就没了；你的坏对别人来说就像一个疤痕，留下就永久在，这就是人性。

人就像寒冬里的刺猬，互相靠得太近，会觉得刺痛；彼此离得太远，又觉得寒冷，人必须保持适当的距离才能长久。

人脉的基础是"你的利用价值"，你的利用价值越大，则你的人脉就越广。

如果有人在你面前挑拨他人和你的关系，你心里面即使再厌恶，也不要去拆穿，答非所问就能够让对方不攻自破。

永远不需要向别人解释你自己，因为懂你的人不需要解释，不懂你的人你解释再多也不会相信你。

> 如果有人让你感觉不舒服，只能说明你跟他不是一路人。

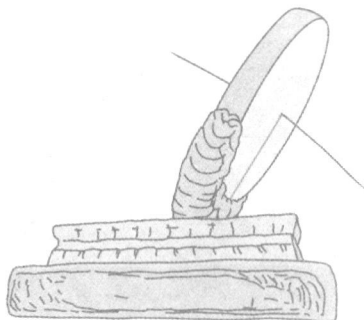

你能不能在交际应酬中升值，并非取决于你的社交能力，而是取决于你的办事能力。

你开始炫耀自己时，往往也是灾难的开始，就像老子在《道德经》里写道："光而不耀，静水流深。"

不要向任何人示好，人与人之间真的只能是礼尚往来，你敬我一尺，我敬你一丈，谁都不必讨好谁。

能说服人的，从来不是道理，而是南墙；能教人成长的，从来不是书籍，而是经历。

不要以你个人感情的亲近来判断你们之间的客观距离，然后做出不符合客观距离的事情。

能改变自己的都是神，想着去改变别人的都是愚蠢的人。成年人的世界，只筛选，不教育。

与人为善，待人真诚，让友谊之花在人间绽放。

人生路漫漫，要学会感恩，珍惜身边的每个人、每段经历。

朋友是常常想起，是把关怀放在心里，把关注盛在眼底；朋友是相伴走过一段又一段的人生，携手共度一个又一个的黄昏；朋友是想起时平添喜悦，忆起时更多温柔。

永远不要怪别人不帮你，也永远别怪他人不关心你。活在世上，我们都是独立的个体，痛苦和难受都得自己承受。没人能真正理解你，石头没砸在他脚上，他永远体会不到有多疼。人生路上，我们都是孤独的行者，如人饮水冷暖自知，真正能帮你的，永远只有你自己。

每天多一点点的努力，不为别的，只为了日后能够多一些选择，选择云卷云舒的小日子，选择自己喜欢的人。

患难之交的朋友真的很难找，遇到了就好好珍惜。

恰到好处的沉默，有时候比滔滔不绝的说话更受欢迎。

游刃有余

人际关系的好坏，不在于你怎么对待别人，而在于你自身的强弱，只有强者，才能获得尊重和宽容。

永远不要在背后说他人坏话，特别是在洗手间，因为你的隔间里蹲着的很可能就是被你说的人。

收起自己改造他人的执着，人教人教不会，事教人一次就够。因为人是叫不醒的，人只能被痛醒。

建立稳固合作的基础是有稳定的利益基础。人品保证不了稳定合作，与其相信人品，不如相信人性。

人和人之间想要保持长久舒适的关系，靠的是共性和吸引。而不是一味的付出和道德绑架式的自我感动。

能成大事者，懂得复盘、懂得反省自己、懂得反思自己，不断总结经验教训、不断改进和提升自我。

别人在夸你的时候，你要学会把夸奖转移到他的身上。

无论在何种场合，无论对方是谁，尊重他们的发言权是最基本的礼仪。请不要插话或打断别人，而是等待他们说完再表达自己的观点。

说话做事要学会给自己留余地，懂得量力而行，将欲望和能力控制得刚刚好。

朋友间的邀请，如果你不能接受，有一点需要注意，那就是找个机会，主动发起邀请，以此弥补过去的缺席，让你们的友情更加深厚。

当你向他人请求帮助，却自己找到解决方案时，别忘了告诉他们结果，避免让他们徒劳无功。这是一种尊重，也是对他们时间和努力的尊重。

当朋友信任你而把他们的密码告诉你时，那么你应当珍视这份信任，严守秘密，切勿将此透露给任何人。

当你想给不太熟悉的人打电话时，尤其是语音通话，最好先征求他（她）的意见。这样做可以避免打扰对方，并且显得更有礼貌。

去朋友家做客时，不要空手而来。不论礼品大小，都是你的一份心意，这会给你的朋友留下深刻印象。

在谈话时，谈论薪资可能引发尴尬，所以尽量避免这个话题。如果你的收入比他们高，他们可能会感到不舒服；反之，如果他们的收入比你高，你可能会感到不适。

在共享餐桌时，克制自己的欲望，别把自己喜欢吃的食物全部拿走。这是一种基本的餐桌礼仪，体现的是你的尊重和谦让。

当你向别人求助，却发现他们并未给出明确的回答时，这可能意味着他们无法或不愿提供帮助。此时，应尊重他们的决定，不再纠缠。

好的人际关系需要维护，只有经常见面，才能加深了解。记得定期约见你的好朋友，这样才能防止你们的关系渐行渐远。

无论是在职场还是在学校，你都需要主动学习和解决问题。别人不一定会主动教你，所以你需要学会自我学习。

当安慰他人时，一定要设身处地去思考，然后在合适的时候提出你的看法。只有这样，他人才会真心接受你的建议。

不同的人需要不同的对待。根据他们的个性、喜好、理解力等因素，你需要适应他们，用他们能理解的方式进行交流。

诚实是信誉的基础。当你不能完成某事时，不要随便向他人做出承诺。谨慎地使用"尽量"

和"争取"等表达方式，会让你的言语更有说服力。

别人的看法并不总是重要的，因为它可能会影响你的情绪和行动。有时你需要忽视这些看法，关注自己的感受和目标。

在你还没有实现目标之前，不要随便告诉别人你的计划。因为他们可能会嘲笑你，甚至打击你的信心。

保持谦逊和敬业是赢得尊重的秘诀。少说多做，尤其是赞美他人，可以提升你的形象，并加强与他人的关系。

不要轻视你身边的任何一个人，他们可能在某一天蓬勃发展，变得强大。每个人都有他们的价值和潜力，应给予他们应有的尊重和认可。

学会体谅他人，理解他们可能由于成长环境和经验的差异而

> 珍惜身边的每个人，因为他们可能在你最需要的时候支持你。

对某些事物不熟悉。不要因为别人的无知而嘲笑或轻视他们，而是尽力帮助他们，告诉他们如何去做。

人在社会互动中生存发展，需要借助各种关系来指导、帮扶。

好的关系是有能量的，能让你得到好运的眷顾，被机会偏爱。

搞好关系，人缘好了，做事才容易成功，运气才会不请自来。

所以，和什么样的人在一起很重要。坦荡做人，真诚待人，经营好自己的关系，人生的路才会越走越宽。

保持一张餐桌的距离和朋友相处。

真正的朋友不是那些口口声声说着支持你的人，而是那些在你最困难的时候默默地陪在你身旁，给你力量和支持的人。

选择朋友的标准不是他们

拥有什么，而是他们是什么样的人。

去别人家，主人倒好的茶，多少都要喝一口，这是尊重。

养成守时的习惯，不要约别人出来还要别人等。

在社交场合，当听到有人说别人的坏话时，不想听就找借口离开，实在离不开，就沉默下去，别让自己参与进去。

切勿得理不饶人，理直的时候要气和一些，而不是气壮，理直气和比起理直气壮，更容易赢得好人缘。

永远不拿别人的缺陷开玩笑。

学会拒绝。拒绝别人的时候语气要坚决，不要拖拖拉拉、支支吾吾，搞得不帮他是你的错一样。学会拒绝就会轻松许多。

当你无法在某个问题上发言时，保持沉默是一个好选择。在社会中，我们需要知道在什么时候、什么地方说什么话。

与人交往时，不随意透露他人的隐私，要保护他人的尊严与权益。

人心难测，世事无常。我们不能总是把自己的幸福寄希望于别人的善良和友情之上，只有把自己的命运掌握在手中，才能真正保障自己的未来。

社交场合，如果别人说错了话，或者不小心出了丑，要假装什么也没发生一样，显得自然一些最好，但别太刻意，这会让人对你好感倍增。

别人没有肯定的回答，就不要刨根问底了。

拒绝一切不合理的要求，帮你是我心地善良，可是不帮你也是理所当然，拒绝就要果断一些，这对双方都有好处。

有人请你吃饭，请客的人点了菜之后，你点菜的价格不能超过他点的菜。

别人请客，不要带朋友过去。

每个人都有自己的故事，我们不能总是把自己的经历和承受看得比别人更重，而是应该尊重每个人的生命轨迹。

真正让人成长的，一定是伤害过你的人和事，他们会教你为何要有防人之心，轻易不要相信任何人、任何事。

再烫手的水还是会凉，再饱满的热情还是会退散，再爱的人也许会离开，所以你要乖、要长大。不再张口就是来日方长，而要习惯人走茶凉。

别以为自己说话直就认为自己是实在人，这是情商低的真实表现。有时候智商低不一定吃亏，但情商低注定会被孤立，你说智商和情商相比较而言哪个更重要呢？

礼尚往来只能多不能少，多一分是人情世故；少一分，人情就成了事故。

去亲戚家里尽量选择住宾馆，你换位思考一下就知道了。

如果朋友心情不好，主动请他喝酒时，绝对不要多问，除非他自己和你说。

和同事之间聊的八卦，绝对不要说给第三个人听，要不然知道的就不是两三个人了。

走到哪里，第一件事就是记住所有人的名字，随时能叫出别人名字的人，总会给人一种亲切感。

人要懂得识趣，很多时候，成年人的世界里沉默或者不正面回答就已经代表着拒绝了；不要逼着别人说出"不"，否则双方都会很尴尬。

不要在背后说别人坏话，但在背后可以夸别人，谁都爱听那些好话。

知识是一种快乐，而好奇心是知识的萌芽。

一个人越是吹嘘自己过去多辉煌，就越代表他过得不好；越吹嘘自己的朋友很厉害，就越代表自己不厉害。

欠人情，宁肯多还，也不少还。多还有微笑，少还是怨恨。

发微信找人帮忙，假如对方超过半天都不回复你，就别再打电话去问了。

不要高估任何一段人际关系。你对人家好，人家却对你不好的时候，千万不要生气，因为不是你对人家好，人家就一定要对你好。

如果别人请你吃饭，一定要让他自己挑地方。因为你不清楚他的预算，本来一盘土豆丝的交情你却点了大龙虾。

我们的成长过程其实就是不断地构建自我和外界，也就是我们和他们之间边界的过程。人从小到大就是不断地把一些外在的和自己其实没什么关系的事物，

马在难处莫加鞭，
人在难处莫加言。

认同到自我的人格之中。

最要紧的是我们首先应该善良，其次要诚实，最次是以后永远不要相互遗忘。

千万不要主动撕破脸，任何矛盾，永远不要当第一个掀桌子的人。江湖路远，总会再见。

事无不可对人言，你才会活得安全。

不管对方的话有多难听，我们都要让对方把话说完，听听他到底想表达什么。

聚会，不第一个到，也不最后一个离开。

如果有人在做决定的时候征求你的意愿，那感觉是很不错的。但是了解到你的意愿之后却不加以考虑，那还不如不要问。

别人对你越客气、越忍让的时候，你越要明事理、越要讲理。人的忍耐是有限度的，你不领情，就不要怪人家翻脸无情！

要想人缘好，这两点一定要牢记：不要炫耀自夸，而是要多夸别人；可以自嘲自黑，但不要去嘲笑别人。

你可以讨厌一个人，但是不必表现出来，因为这样对你没有任何好处。

得意的时候可以庆祝、可以与亲近的人分享心情的愉悦，但千万不要忘形。得意忘形的人，容易给自己招惹灾祸。

要成功，就要长期等待而不焦躁，态度从容却保持敏锐，不怕挫折且充满希望。

嘲讽是一种力量，一种消极的力量；赞扬也是一种力量，却是一种用心的力量。

一个人只有看到自己的伤疤才知道什么是痛，什么是对与错。

无论有多困难，都坚强地抬头挺胸，人生是一场醒悟，不要昨天、不要明天，只要今天。活在当下，放眼未来。人生是一种态度，心静自然天地宽。不一样的你我，不一样的心态，不一样的人生。

踏平坎坷成大道，推倒障碍成浮桥，熬过黑暗是黎明。

生活中难免遭遇打击，但是

真正能把你击倒的是你的态度。

坚强，不是面对悲伤不流一滴泪，而是擦干眼泪后微笑着面对以后的生活。

就让我执迷不悟，在自己的世界里勇敢地走下去。

如果要挖井，就要挖到水出为止。

自信是走向成功的第一步。缺乏自信是失败的主要原因。

尽最大努力逼自己优秀，青春已所剩无几。

人生幸福的三大秘诀：不要拿你的错误来惩罚自己；不要因为自己的错误而惩罚别人；不要用别人的错误来惩罚自己。有了这三点，生活就不会太累了。

拒绝别人的时候要干脆点儿，别想这想那、怕得罪人，谁也不欠谁的，怕啥！

活在当下，
做在当下。

拼搏奋斗

没有梦想的童年算不上真正的童年，没有梦想的人生是不值得过的人生。而梦想需要勇气的支持，我们还有梦想的勇气吗？

人人都有两个门：一个是家门，成长的地方；另一个是心门，成功的地方。能赶走门中的小人，就会唤醒心中的巨人。

要看一个人是不是真有价值，且在他的欲望前面、在他的事业前面设下重重障碍，若有真本领，自会克服困难或绕过障碍。

每个人都在追问"我是谁"，但是，对每个人真正重要的，其实不是"我是谁"，而是"我想成为谁""我如何成为谁"，因为人的一生是由自己来打造和把握的。

检验一个人的标准，就是看他把时间放在了哪儿。别自欺欺人，当生命走到尽头，只有时间

不会撒谎。

任何一个有梦想、有追求的人，在前进的路上都会遇到相应的困难，这些困难最终到底会成为压死骆驼的最后一根稻草，还是成就的垫脚石，取决于追求者能不能坚持、知不知道该如何坚持。

那些咬牙坚持和日日锤炼，那些身体与心里的疤痕，会成为我赖以战斗的力量。

圆规为什么可以画圆？因为脚在走，心不变；你为什么不能圆梦？因为心不定，脚不动。

人都怕变动，所以不愿意去改变自己，但我现在才明白，变动才意味着进步和机会，审视自己，审视过去，复盘总结，摧毁重塑，涅槃重生。

野心就像一团火，它让我们知道只有不断超越，才能更有安

全感，只有足够努力，你才配得上你的野心。

你与别人花费一样的时间，因为别人用心，而你吊儿郎当，所以到了最后检验成果的时候，别人成功了，而你除了赔了时间之外，一无所得。

人是不能太闲的，闲久了，努力一下就以为是拼命。

哪有那么多时光用来说"我不会""我害怕""我不行"，用尽全力，去做你想做的事、去爱你

你逐渐变好，世界才愿意为了你的努力和能力买单。

想爱的人、去成为你想成为的自己。

如果每天上班对你来讲是种痛苦，那么不要再抱怨工作有多糟了，你需要寻找一份更好的新工作。

如果自己没有尽力，就没有资格批评别人不用心。开口抱怨很容易，但是闭嘴努力的人，更加值得尊敬。

努力的意义是，当所有美好的事情奔我而来的时候，我能够坦然地张开双臂拥抱它，并且觉得我值得。

成长是在无限接近绝望的感受中产生的，这大概才是人生的奇迹。世界如此精彩，日常就很美丽，生命本身就是奇迹。

我们对年龄的恐惧，其实并不在于年龄增长所带来的苍老，而是恐惧随着年龄的增长，我们仍然一无所得。

你要克服的是你的虚荣心、是你的炫耀欲，你要对付的是你

再温柔、平和、宁静的落雨，也有把人浸透的威力。

时刻想要出风头的小聪明。

没有人天生是工作狂，只因为不想落于人后、只因为不想输得难看，于是就努力工作，一不留神，把人生过得很带劲。

在还可以放肆的年纪，要有坚定的、磊落的倔强，年少轻狂也好、特立独行也罢，不要畏惧。

前行的路，不怕万人阻挡，只怕自己投降；人生的帆，不怕狂风巨浪，只怕自己没胆量！有路，就大胆去走；有梦，就大胆飞翔。

不管你学什么专业，找工作一定要找个你喜欢的，这样你每天早晨6点到晚上8点都是高兴的。再找个喜欢的人在一起，这样晚上8点到早晨6点就是开心的。

现在的社会发展很快，竞争激烈，想让自己在众人中脱颖而出，就必须给自己充电，不断学习各种知识和技能，不断完善自己。只有这样，你才可能真正获得人生的快乐。

努力的过程中，既见过凌晨的月亮和星光，也和冗长的单词持久对望，但只要熬过的夜都能化作往后的明亮，就值得为此预付喝彩。

别想着抄近路走，大家都那么聪明，如果有近路可以走，早就人山人海了。

如果你想做那优秀者的1%，那就要去做那些99%的人都不想做的事。

你要逼自己优秀，然后骄傲地生活，余生还长，何必慌张。以后的你，会为自己所做的努力而感到庆幸，别在最好的年纪选择了安逸。

有人不经过高强度和广泛的

练习，就可以培养能力。

一个人混得不好只有两个原因：没选对方向，还不努力。

向外张望的人在做梦，向内审视的人才是清醒的。

自律和不自律都会吃苦，不同的是，自律的苦会让人生越来越甜。

人的一切痛苦，本质上都是对自己无能的愤怒。

你还是先想想如何使自己变得优秀吧，别整天奢望会遇见什么对的人，你还太年轻，就算遇到了也抓不住。你优秀了，自然有对的人与你肩并肩。

思考时，要像一位智者；讲话时，要像一位普通人。

为什么会一直焦虑呢？因为不满现状，因为还想向前。

喜欢和爱都是免费的，责任和担当才是沉重的。

人生的每件事都取决于我们的时间，我们有自己的时钟，你身边有些朋友也许遥遥领先于你，也有些落后于你，但凡事都有自己的节奏。

黑暗里的冬天，比夏天的永昼更吸引人，是对阳光的期待。

世上的事，只要肯用心去学，没有一件是太晚的。

如果志同道合，那就强强联手；如果各有所志，那就顶峰相见。

一旦你出现明天开始努力的想法，而不是从现在开始，那明天的你大概也是虚度光阴。

这个世界总是不缺一步登天的故事，人人都追求奇迹、逆袭和波澜壮阔，其实生活的馈赠

有人跟你说问题是好事，没有人跟你说问题才可怕。

藏在一点一滴里，学会自律、克制，遵循自然永恒的秩序。

大多数人并非真的想要自由，因为自由包含责任，而大多数人害怕责任。

悬崖的边界很清晰，所以我们不会靠近；但是水的世界比较模糊，所以经常会淹死人。

低质量的勤奋，不过是营造一个"我很努力"的幻觉。勤奋不是马不停蹄，而是有效利用手头的时间；努力不是一味埋头苦干，而是用智慧解决问题。

不是因为有了希望才坚持，而是因为坚持才有了希望；不是因为有了机会才争取，而是因为争取了才有机会；不是因为会了才去做，而是因为做了才能会。

人生就是一连串的抉择，每个人的前途与命运都完全把握在自己手中，只要努力，终会有所成。就业也好，择业也罢，创业亦如此，不要活在别人的嘴里，

有梦想，才配得上你的焦虑；唯有行动，才能解除你的焦虑。

也不要活在别人的眼里，而是要把命运掌握在自己手里。

你不努力，永远不会有人对你公平；只有你努力了，有了资源、有了话语权以后，你才可能为自己争取公平的机会。

长时间的专注能力，就是一个人的竞争力。

我们其实不是要钱的本身，而是想要自由，让自己有选择权，这才是赚钱的目的。赚钱只是实现目标的手段，绝不是梦想本身。

成长就是一遍遍地怀疑自己以前深信不疑的东西，然后推翻一个又一个阶段的自己，长出新的智慧和性情，带着无数的迷惘与不确定，坚定地走向下一个阶段的自己。

想看到结果再行动的人往往无法看到结果。

想成为更好的自己，就去见识更大的世界，认识更多奇妙的人，汲取更广泛的知识。你不需要别人过多的称赞，因为你自己知道自己有多好。内心的强大，永远胜过外表的浮华。

有的人，一辈子只做两件事——不服、争取，所以越来越好。也有人，一辈子只做两件事——等待、后悔，所以越混越差。

踩着别人脚步走路的人，永远不会留下自己的脚印。

真正的机会，从来都只青睐于那些时刻做好准备的人。只有做好充足的准备，才能抓住机会，感受美好。

学会积极主动，主动的意志力能让你克服懒惰，把注意力集中于未来，在遇到阻力时，想象自己在克服它之后的快乐；积极投身于实现自己目标的具体实践中，你就能坚持到底。

成功的花，人们只惊羡它现时的明艳！然而当初它的芽儿，浸透了奋斗的泪泉，洒遍了牺牲的血雨。

生活本来就是一场恶战，给止疼药也好，给巴掌也罢，最终都是要单枪匹马练就自身的胆量，谁也不例外。

生活，是自己赚出来的，别人的打赏，你最好不要太期待。讨来了几分物质，就要抹杀几分灵魂。

任何事情，都是一个道理，熬得住，出众；熬不住，出局。这就是人生。只有坚持，才是真正的成功；只有拼搏，才是充实的生活。

本事不大，脾气就不要太大，否则你会很麻烦；能力不大，欲望就不要太大，否则你会很痛苦。

一个人若是没有热情，他将一事无成，而热情的基点正是责任心。

你摸黑偷偷赶的路，都会变成意外袭来时你少受的苦。

人生要敢于接受挑战，经受得起挑战的人才能够领悟人生非凡的真谛、才能够实现自我无限的超越、才能够创造魅力永恒的价值。

神圣的工作在每个人的日常事务里，理想的前途在于从一点一滴做起。

成功的秘诀在于永不言败，即使跌倒也要勇敢地站起来。

成功并不是关键，关键是你是否愿意接受失败。

生活不是等待风暴过去，而是学会在雨中跳舞。

如果你不努力，未来只能是个梦。

美丽的蓝图，落在懒汉手里，也不过是一页废纸。

前程远大

有时候你总以为别人特别幸运，后来才发现，不过是别人比你提前努力而已。那些在你眼里毫无价值的努力，就是你和别人眼界的差距。

生活坏到一定程度就会好起来，因为它无法更坏。努力过后，才知道许多事情，坚持坚持，就过来了。

如果你决意去做一件事了，就不要再问自己和别人值不值得。心甘情愿才能理所当然，理所当然才会义无反顾。

再难受又能怎样，生活还是得继续，现实就是这样，没有半点儿留情，你不争就得输。

梦想不会发光，会发光的是追逐梦想的我们。

看问题要知道看本质，不要以个人喜好来决定重要事情的判断。

勇敢面对过去的错误和过失，接受自己的过去，努力改变和成长。

在工作中，会有很多挫折和委屈。但是一个人的成长，是挫折和委屈撑大的。

最有希望的成功者并不是才干出众的人，而是那些最善于利用每一个时机去发掘开拓的人。

有超强的执行力，敢想更敢做，只要是想好了的事情，就能雷厉风行地付出行动。

每天努力积累点滴，总有一天你会积累出自己的湖泊。

成功的秘诀，就是抵制诱惑，绝不干那些明知道不会成功的事。

做任何事情，谁都不是天生就能做好，做不好事情被人嘲笑是难免的。不能指望别人永远给你留情面，只有自己把事情做好，才是为自己保留情面唯一可行的方法。

学会接受失败、学会接受自己的不完美，一次不能成功，就多尝试几次。爱迪生发明电灯的时候更是失败过成千上万次。年轻，是我们最大的资本。

做事的目的性非常强，以结果为导向，不达目的誓不罢休。

对工作和感情，我认为很多外面的因素都不如你用心，走心了的回报值更高。

不懂装懂的人是最愚蠢的人；没事找事、捕风捉影的人是最没福气之人。

不要工作一不顺心就想着辞职，世界没了你照样转，但你没了工作连生活都成问题。

注意力就是一种能量，绝对不能被发散。专注于思考，专注于做事情的人有着激光一样的穿透力，能把所有的困难击碎，收获丰厚的胜利果实。每个人的精力都是有限的，必须把决策的精力放在那些更有价值的事情上。

远离无意义的社交，努力提

升自己的实力才是最重要的。

遇强则强，敢于为强者所为，学习他们身上的优点，模仿复制再创新，以此为动力，激励自己不断前行。

任何事，只为自己的利益奋斗。一个人之所以有本事，是因为他做的每一个动作，都能为自己带来真金白银。当你胜利的果实可以和周围人一起共享时，你收到的祝福和微笑才是真诚的。

事情太多，脑子一团乱麻的时候这样做：拿出一张纸，把要做的事，按重要程度写下来，然后一个一个打钩完成就好。

注定"一事无成"的人：

1.心智不够成熟，虽然早已成年，甚至已经人过中年，但心智还像小孩儿一样，对人性、对人情世故、对支配社会运行的隐规则，都不够了解。

2.耐力太差，不能坚持。做

事的时候，稍微吃点儿亏，或者遇到点儿挫折，就喜欢向别人抱怨，就想逃避和放弃，一点儿也沉不住气。

3.自身的坏习惯太多，比如懒惰、自制力差、心胸狭隘、抠门等，所谓习惯决定命运，坏习惯太多的男人，肯定是容易一事无成的。

能成大事者，懂得复盘，懂得反省自己，懂得反思自己，不断总结经验教训，不断改进和提升自我。

凡事要留后路，学会稳中求胜，做任何事情之前都要想得长远一点儿，不能因为平时一点儿小事就毁了自己一辈子。

在说话的过程当中，凡事不能说得太绝对，没有什么是一定的，没有什么是100%的，一定要给自己留后路。

普通的人改变结果，优秀

的人改变原因，顶级优秀的人改变模型。

普通家长会亲自弯腰帮孩子系鞋带；优秀的家长会手把手教孩子学会自己系鞋带；而顶级优秀的家长发现孩子不会系鞋带是爷爷奶奶代劳的结果，会和长辈沟通，那么孩子做很多事情就更独立了。

普通的人会观察，优秀的人能洞察。

普通的人关注流量大小，但优秀的人关注流量增速。

真实的世界里，并不存在抽象

懂这么多道理却依然过不好这一生，是因为人生懂道理的门槛很低，但是按照道理去做很难。

的两难选择。每时每刻，我们做事的人面对的就是一张时间表，就是这张时间表上具体的时间安排而已。

不要总是逃避问题，逃避只会让你变得越来越次，最后你的自信心也会被消耗殆尽。当危机来临时，才是你磨炼自己的大好时机。

走过许多路，我一直认为失败者永远不是真正的失败者，而是那些有机会参与，却宁愿成为旁观者的愚人。机会来临，他们总是找借口逃避责任，并将压力转化为负面情绪。

要想成就大事，首先要破掉三个障碍：保持内心宁静，战胜焦虑；学会克制自己的欲望，做到舍得；在行动中锻炼自己，战胜犹豫。只有克服这三个障碍，才能成就一件大事。

强者永远不为自己辩解。低价值的人总是想着向高价值的人解释。如果你也喜欢和别人解释，或者总想证明自己，那么无形当中你就会降低你自己的价值。

格局决定结局，心胸要开阔，容纳不同的观点和意见。要有长远的眼光，不要只图眼前的小利。如果被一两句坏话影响心情，那就无法做成大事。

结交两个朋友，一个是运动场，另一个是图书馆。

培养两种功夫，一种是本分，另一种是本事。

乐于吃两样东西，一个是吃亏，另一个是吃苦。

具备两种力量，一种是思想的力量，另一种是行动的力量。

配备两个保健医生，一个叫锻炼，另一个叫乐观。

记住两个秘诀，健康的秘诀在早上，成功的秘诀在晚上。

追求两个极致，把自身潜

力发挥到极致，把寿命延长到极致。

大多数人真正的梦想几乎都实现不了，因为真心喜欢，做不到把梦想跟利益挂钩，也不会想着投机取巧走捷径，就是单纯的喜欢，想把自己最初的想法毫无杂质地实现，因为喜欢，心存敬畏，.不想让其被金钱腐蚀，所以也不被大多数人理解与支持。但这种梦想一旦成功，能产生的影响往往很大，而且基本都是对世道有帮助的，因为这种梦想足够真诚、足够用心。

在社交媒体上发表言论时，要注意修辞和措辞，避免过度引起争议和冲突。

人生总是有无奈和遗憾，一个人的成熟，关键就是知道自己有几斤几两，知道自己有很多事情是无能为力的。

你不能改变过去，但你可以决定你的未来。

朋友是生命的丛林，是心灵歇脚的驿站，是收藏心事的寓所，是储蓄感情的行囊，不管人生路上几多风雨，朋友如伞，伴你一路晴空！愿你的天空更蓝、人生最美。

登高山务攻绝顶，赏大雪莫畏严寒。

就算全世界都否定你，你也要相信你自己。不去想别人的看法，旁人的话不过是阳光里的尘埃，下一秒就被风吹走。这是你的生活，没有人能插足，除了你自己，谁都不重要。悲伤，尽情哭得狼狈，泪干后，仰头笑得仍然灿烂。一往直前，激发生命所有的热情。年轻不怕跌倒，永远地，让自己活得很漂亮，很漂亮！

十几年的奋斗，给了我崭新的生活；十几年的奋斗，给了我冲向顶峰的动力。正如富强的中国一样，我，与许多不计辛劳的人，一起跨入梦想的殿堂。

自我打败自我是最可悲的失败，自我战胜自我是最可贵的胜利。

别人都在你看不到的地方暗自努力，在你看得到的地方，他们也和你一样显得吊儿郎当，和你一样会抱怨，而只有你相信这些都是真的，最后也只有你一人继续不思进取。

哪怕遍体鳞伤，也要活得漂亮。

要成功不需要什么特别的才能，只要把你能做的小事做好就行了。

让你难过的事情，有一天，你一定会笑着说出来。

路灯经过一夜的努力，才无

豫，迎头赶上。

当遇到机会时，不要犹

永远不要有依靠别人的想法。去做一个影响别人的人，你的一举一动都会变得非常有底气。

愧地领受第一缕晨光的抚慰。

没有比时间更容易浪费的了，同时也没有比时间更珍贵的了，因为没有时间我们几乎无法做任何事。

马行软地易失蹄，人贪安逸易失志。

每个人的生活都不可能一帆风顺，当工作不满意时，就回忆自己过去辉煌的成就，不要让自己太自卑，让自己乐观一点儿！

有的人在奔跑，有的人在睡觉；有的人在感恩，有的人在抱怨；有目标的人睡觉，没有目标的人睡不着。努力才是生活的态度，睁开眼睛才是新的开始。

清晨的美丽，像草一样芳香，像河一样清澈，像玻璃一样透明，像甘露一样香甜。亲爱的，早上好，愿你今天有个好心情！

说万句真话不如自己跌倒，眼泪教会你做人，遗憾帮助你成长，痛苦是最好的老师。

成功永远属于一直在跑步的人。

努力吧，只有站在足够的高度，才有资格被仰望。

每个人的路都是要靠自己走的，走好走不好都是自己的事情。

最后也只是自己受折磨，这点儿痛又算什么。

生活就像是一盘巧克力，你永远不知道会碰到什么味道。

真正能走过风雨的，唯热爱与坚守。

我想要自由飞翔，这一刻，我对自己说，我不再胆怯。

人，生下来就是受苦的料。就是要奋斗啊！总是哭干吗？又没人知道你为什么哭。做好自己就行了，不要想太多。老天又不是一个天平，想要公平，只有努力奋斗、付出心血呀！

昨晚多几分钟的准备，今天少几小时的麻烦。

人生苦难重重。这是个伟大的真理，并且是世界上最伟大的真理之一。

浅唱风云

自律不是6点起床，7点准时学习，而是不管别人怎么说、怎么看，你也会坚持去做，绝不打乱自己的节奏，是一种自我的恒心。

人生不可能一帆风顺，经历挫折和失败是必然的，但我们不能被这些打倒，要坚韧不拔地追寻自己的梦想。

适应环境的能力超强，无论居庙堂之高或处江湖之远，都能淡定自若、能屈能伸。

"锣鼓听声，说话听音"，听别人说话的时候，要带着脑子分析、思考，不要只听表面的意思，否则，就容易出错。

如果你以积极的心态发挥你的思想，并且相信成功是你的权利，你的信心就会使你趋向成功。但如果你接受了消极心态，并且满脑子想的都是恐惧和挫折，那么你所得到的也只有恐惧和失败。

无论遇到什么困难和挫折，只要持续努力和坚持，就一定能够找到解决问题的办法。

过来人的建议要选着听，时代在变、路在变，所以相似的问题，你应对的方式也要跟着变。

不要轻易放弃自己的梦想，即使困难重重，坚持下去也能创造奇迹。

人生如梦幻泡影，如露亦如电。凡事莫强求，随缘自适；处世莫执着，自在逍遥。心应如止水，无欲则刚，无畏则无惧。

成功不是一蹴而就的，付出和坚持才是通向成功的关键。

一个人能不能成事，不要看他有所成就时是不是在持续努力，而要看他在看不到希望时，还能不能持续坚持。

学历不一定要有多高，但是经历一定要非常丰富。

学会忍耐和等待，有时机遇只是稍纵即逝，唯有保持耐心才能抓住它。

专业能力过硬，才能够让身边的人心服口服。

别太在乎你的面子，但一定要在乎别人的面子。太在乎你的面子，为了面子而不愿低头，你就容易错失机会；在乎别人的面子，给别人面子，维护别人的面子，别人自然就容易对你产生好感。

困境只是暂时的，而真正的勇气和毅力才能带来真正的突破。

做事情不要去看任何人的脸色，先考虑自己，因为只有你自己才是真正为自己考虑的那个人。

当你面前有可供选择的事情时，在保证自身安全的前提下，尽量勇敢地选择你内心真正想做的那件事，机会是要靠争取的，

内心强大，处变不惊，出现突发状况，能够主持大局。

别人不会把机会轻易让给你。

不要轻易地许诺别人，即使许诺了，也不要说得太满。

不要因为过去的失败而沮丧，每一次失败都是在给你下一次成功积累经验。

任何时刻说话时的逻辑性都要非常强，不紧不慢、不骄不躁、不急不缓；思考时总能够多方面思考，思考层次关系分明、逻辑清晰。

以为自己有点儿小聪明的人，通常都不爱努力，因为他们觉得自己聪明，所以稍微努力一下就可以把事情搞定了，但真正复杂的事是不能靠小聪明的，一旦遇到大事，耍小聪明欠下的债，终究是要还的。

在一个行业里沉淀下去，越老越吃香，几乎成了行业通。

懂得原谅他人的错误，是一种成熟和宽容的表现。

在任何处境下，都能够保持微笑，保持风度，不让别人看到你的任何害怕与恐慌。泰山崩于前而面不改色，即使害怕，装也能装得天衣无缝，像什么都没发生一样。

当你决心变强的那一刻，你的注意力会开始研究人性和总结事物规律，每时每刻想的都是如何提高和突破自己。

做一步，看十步，想百步，永远比常人想得更长远，永远比别人下手更早、更快、更狠。

面对他人的批评和指责，保持冷静，虚心接受并积极改正。

面对权贵，不要想着自己本身就比别人低三分，虽然没有绝对的公平，但我们要努力争取相对公平，不卑不亢，如此才能赢得尊重。

敢于发表自己的不同意见，不要畏惧冲突，畏首畏尾只会让人瞧不起，大大方方才能赢得尊重。

人生充满着不公和不平等，我们不能单纯地以为努力就能得到回报，但是，我们可以努力改变自己的处境，争取更好的生活。

在做决策的时候，总是能够让自己情绪稳定，不会让情绪干扰到正常的判断。

不嫉妒强过自己的人，而是要努力向别人学习。

社会上有很多诱惑和诱饵，我们不能轻易受到其干扰和影响，要保持清醒和坚定的信念。

不要轻易相信别人的承诺和保证，因为任何事情都有变数，最重要的是要看到别人的行动和实践。

少去迎合别人，一味忍让，只会换来得寸进尺；一味包容，只会换来肆无忌惮。

懂得换位思考，懂得站在别人的角度去考虑问题，懂得照顾别人的感受。

想要的东西就去争取、去努力准备，要勇敢地赌上这个懦弱的自己，把自己赌押在这个世界最美好的东西上，即使是失败，也要改变自己的懦弱。

不轻易对人下结论，多给别人一些包容和理解的空间。

不卑不亢，同样是人，你并不比别人差，该争取就争取、该竞争就竞争，没人会将机会拱手相让。

读书就是摆脱了同时代人的交换，而去和其他时代的人进行这种知识交换，所以它变得更安全、更有益。

即使是出手帮助别人，也会把对方的面子留得足足的，给别人留余地的同时自己却获得了更大的面子和尊重。

每个人都是独立的个体，有自己的思想和意愿，我们应该尊重别人的选择，同时也要为自己的选择承担责任。

社会是残酷的，没有人会一直站在你的身旁支持你，所以，我们不能依赖别人，必须依靠自己的力量，找到属于自己的道路。

越是令自己恐惧的事情越要尝试，一次两次可能还是害怕，可是一千次、一万次呢？往往越是令自己恐惧的事情越能磨炼自己。

软弱，本质上不就是因为你的实力不够吗？平时多读一些书、多学一些技能，不仅可以快速增强你的自信心，而且能拓宽思维，渐渐地，你就会强大起来。

越有实力，获得别人的尊重就越容易；反之，则越困难。

光读书不接触社会是不行的，边读书边接触社会，才会了解社会。社会不是打打杀杀，社会是人情世故。

忙碌，仅仅是现代人向外炫耀的一个勋章。

一定要利用空余时间，多学一个可以安身立命的技能。

驱动人类社会的，不管是财富还是社会文明的发展，其实一直有一个底层动力。这个动力你可以称为交换，也可以称为分工，也可以称为协作。

成功的人生往往先苦后甜，需要我们控制及时享乐的欲望，放弃唾手可得的快乐，付出成倍的时间和心血。岁月匆匆，只有经得住眼前的诱惑、守得好自己的节奏，才能朝着梦想大步迈进。

事情没有做成之前，就不要对别人讲，一是容易泄密，给自己招惹麻烦；二是一旦做不成，那丢人就丢大了。

说话要不紧不慢、谨言慎行；说话要说一半，留另一半给别人自己领会。

人，一定是顺着趋势走，而只有当你建立了更广阔的知识视野的时候，你才会在具体的人生选择时形成这样的判断。

只要是有目的、有计划、有步骤地影响他人的行为或意愿，都叫管理。

人来到世界上，没钱并不可怕，怕的是一直等人来救济；孤单并不可怕，怕的是一直孤单；失业并不可怕，怕的是一直不去找工作；输了并不可怕，怕的就是一败涂地。

我们修养自己，不是要走出舒适区，而是要转换舒适区，建立新的舒适区，直到能待在正确的舒适区。止于至善，就是找到了正确的舒适区，也就是最佳状态，做到了极致，做到了最好。

在一些特别场合中，有些聪明人主动将主角的位置让给别人，而自己心甘情愿当配角。这并不是失败，甚至可以说这是一种策略性的胜出，他让出的只是一个主角的虚名，而赢得的却是真正的实惠。

雪中送炭胜过锦上添花，在别人遇到困难的时候，能帮就帮一把，不能帮，在口头上也要多说一些暖心和鼓励的话语。

用明天会发生的事，推导出今天必须马上要做的事。

时间不能解决问题，用时间来干什么才能解决问题。

问题本身不是问题，问题叠加上一个无效的解决方案，才会成为问题。

什么是成功？
20岁有人愿意带你；
30岁有人愿意用你；
40岁有人愿意捧你；
50岁有人愿意跟你；
60岁有人愿意请教你。

天下没有父母会嫌自己的子女丑陋。

孩子人生初始都爱父母，随着年龄渐长，他们开始批判父母，有时他们会原谅父母。

若人与人要共度一生的话，最好是少知道他的缺点。

子孙若如我，留钱做什么？
贤而多财，则损其志；
子孙不如我，留钱做什么？
愚而多财，益增其过。

支撑我们的，何止诗与远方，还有我们身边的家人。

自古以来，孝分两种：养口体和养心志，二者同样重要，缺一不可。

不要和亲戚吵架，更不要和长辈去理论，不论对还是错。

责任是从现在开始就要承担的，父母不再年轻，能回报的时候及时回报，不要总觉得时间还很多，岁月不等人。

孩子大了，离开父母是永远的，再回来是暂时的。

所谓父母，就是那不断对着背影既欣喜又悲伤，想追回拥抱又不敢声张的人。

对于亲戚买房买车、朋友恋爱结婚这两件事，最好不要提什么建议。

这世上除了父母，再没有人会无缘无故对自己好，所以当有人对自己好时、关心自己的喜怒

有时候，你越是想去解决一个问题，这个问题就越解决不了，你解决问题的方法可能会反过来恶化问题。

努力一点儿，你是
家里所有人的光。

哀乐时、会为自己辗转反侧时，
都是值得珍惜的美好。

最容易令人感到温暖和惊喜
的是陌生人，因为你对他们没有
期望；最容易令人感到心寒和悲
哀的是亲人，因为你爱他们。

子女过得好不好，大概率会
决定你老年的生活顺不顺利。

孩子们的一生是一生，我们
的一生就不是一生了吗？

人除了父母可以依靠一下
外，只能靠自己，谁也靠不了。

母爱是人类情绪中最美丽
的，因为这种情绪没有利禄之心
掺杂其间。

出生的时候，我们在哭，父
母在笑；父母离去的时候，我们
还在哭，父母还在笑。

父母恩情似海深，人生莫忘
父母恩；生儿育女循环理，世代
相传自古今；为人子女要孝顺，

鸟兽尚知哺乳恩；父母本是亲骨肉，爹娘不敬敬何人；养育之恩须图报，望子成龙梦成真，孝顺家风世世传。

人在小时候，要听爸爸妈妈的话，但在长大步入社会后，父母的话就要选择性地听，尤其是当你的原生家庭不太好时。

当你饿的时候，有的人会把馒头分给你一半，这是友情；有的人会把馒头让给你先吃，这是爱情；有的人会把馒头全给你，这是亲情；有的人会把馒头藏起来，对你说他也饿，这就是社会。

没有无私的、自我牺牲的母爱的帮助，孩子的心灵将是一片荒漠。

父母的话可以不照做，但一定要听，因为真正对你好的只有父母。

父母是这个世界上，你花心思、花时间最少，却最爱你的人……妈妈温柔了整个岁月，爸爸罩住了整个家，有时候会特别害怕他们老去，他们把心铺成路，还怕我们磕了脚。

亲戚来你家做客，你这边的亲戚，让老婆下厨做饭；老婆这边的亲戚，你下厨做饭。

不好对挫折叹气，姑且把这一切看成在你成大事之前，务必经受的准备工作。

没有人富有得能够不靠别人的帮忙，也没有人穷得不能在某方面给他人帮忙。

不是某人某事使我们烦恼，而是我们拿某人的言行、某事的结果来烦恼自己。我们的烦恼与任何人、任何事没有半毛钱的关系，是我们的心胸太狭隘、眼光太短浅，是我们自寻了烦恼。

梦想这个东西，放在心中越重，离现实越远。不要等着天上掉馅饼，也不要奢望上天对你的同情。唯有去努力，才有可能看见一片新的天空。我们不妨这么想，有结果的努力是锻炼，没有结果的努力是磨炼，不管怎样，每一种际遇都是你生命中不可或缺的元素。

让生活的句号圈住的人，是无法前进半步的。

欲戴王冠，必承其重。

一个真正想成功的人是勤奋与努力的，而不是躺在床上说大话。

使我们不快乐的，都是一些芝麻小事，我们可以躲闪一头大象，却躲不开一只苍蝇。

每个人都不是你所看到的那个样子，他们都是一边是长着翅膀纯洁善良的天使，一边是拿着夜叉面目狰狞的恶魔。他们心中的脆弱和胆小，他们不想承认的虚荣和懦弱，都躲在了那些光鲜之下。他们也有潦倒的时候，他们也看过人间的疾苦，他们也会在选择前犹豫，他们也曾愚蠢地放弃机会，他们也在对自己的下属横眉冷对时，突然想起曾经也有人这样对待过自己。

空谈不如实干，踱步何不向前行。

你的时间有限，不要将其浪费在别人的生活上。

坦然自若

说不出的委屈才叫委屈，哭到笑才叫痛，那我该有多委屈、有多痛。

当你意识到自己还有那么多事情没做时，你就没有时间去和无聊的人争辩了。

你总想依赖别人，到最后你会发现人生的每一个最艰难时刻，都是自己挺过来的。

对别人讲"辛苦了"，是对别人的礼貌；对自己讲"辛苦了"，是对自己的温柔。

很多境遇的利弊都有两面性，是福是祸，只看你如何对待。能汲取营养，记住教训，它就是福；否则，它就是祸。

每个人都应该学会丰盈自己的生活，拥有属于自己的独处方式。因为只有这样才不会总被无聊与空虚侵袭，才不会总将生活的希望寄托于他人的陪伴与填充，才不会总在聚散离合中心怀忐忑。

瞻前顾后的人最迷茫，因为不知道自己想要的是什么，东张西望的人最累，因为总觉得自己过得比别人难。

怀疑是痛苦的开始，释疑是快乐的开始。怀疑固然可以，求证更加重要；与其长时间怀疑，不如短时间求证。

人往往在闲得发慌的时候最矫情、最脆弱，在深渊挣扎的时候最清醒、最坚强。

时间不会停止，幸福不会停止，乌云会有时，总会有风来。

人生就如一场修行，修的是一颗心——修的是一颗能包容万物的心、修的是无论遇到什么挫折，都能心平气和、不骄不躁、不瘟不火；修的是无论处在什么位置，都能不忘初心、不失本性、不丢人格；修的是无论面对什么困难，都能勇敢向前、无畏无惧、无怨无悔；修的是无论何时何地，都能感恩万物、珍惜生命、善待自己。所以，别因为一时的挫折而灰心丧气，别因为一时的困难而怨天尤人，亦别因为一时的痛苦而放弃自我。修行不

易，要好好珍惜。

我们常常为一个"争"字所纷扰，争到最后，原本阔大渺远的尘世，只剩下一颗自私的心了。心胸开阔一些；得失看轻一些；为别人多考虑一些，哪怕只是少争一点儿，把看似要紧的东西淡然地放一放，你会发现，人心会一下子变宽，世界会一下子变大。不争，人生至境！

你患得患失，太在意从前又太担心未来，有句话说得好，昨天是段历史，明天是段谜团，而今天是天赐的礼物，像珍惜礼物那样珍惜今天。

走过坎坷，才知平安就好。尝过酸甜，才知平淡就好。历尽兴衰，才知知足就好。费尽思量，才知糊涂最好。

所谓淡定，就是在内心预留一定程度的空旷感，无论遇见怎样的惊喜或是苦涩，都无法将其

填满。所谓宠辱不惊，就是早被宠过辱过，所以见怪不怪。

世上一切莫非体验，世上一切莫非历练，只看你有没有一颗做好准备的、接纳一切的心。

觉醒的人，既不是在咖啡馆和公园盯着东西看，也不是假装快乐地把石头推上山；而是有目的地去做事，而且对所做之事的意义充满信心的人，是一个真正自由的人。

当你的善良受到委屈的时候，记得对自己说这句话：你的善良要留给那些懂得感恩的人，而不是那种将你的善良接受的理所应当，且会欲求不满得寸进尺的人。

有一种人生叫山穷水尽时，绝境逢生时；如果你正在经历低谷，或正处于山穷水尽时，不要悲叹、不要放弃，因为这是你人生转折点的开始。

有些人适合成长，有些故事适合收藏，不是每一场相遇都有结局，但是每一场相遇都有意义。

当你学会放下执念，接受现实，你会发现内心的平静和宁静。要记住，一切都会过去，只有内心的修行才是永恒的。

为人处世靠自己，背后评说由他人。有时候我们太在意耳边的声音，决策优柔寡断，行事畏首畏尾，这样不外乎有两个结果：要么被别人折磨死，要么被自己累死。

好看的皮囊千篇一律，有趣的灵魂寥寥无几。趣味相投也好，臭味相投也罢，能遇到个随时陪自己去"疯"的人，就一定是三生有幸。

世间万物皆有定数，得失随缘，心静如止水，可谓强者。

不要只想着填满，而要懂得留白，空荡的地方，才能听见灵魂的声音。

世上本无移山之术，唯一能移山的方法就是：山不过来，我就过去。人生最聪明的态度就是：改变可以改变的一切，适应不能改变的一切。

少去评论别人的事，多去回顾和清理自己的事，把自己做好了，多出的那份精力，再去帮助和关照他人，并且尽量是向善的。不然，你只是一位凑热闹的，并不是一剂良药。

凡所有相，皆是虚妄。若见诸相非相，即见如来。

人们自古以来，在这条路上行走，然而，这条路确实是坎坷不平、逶迤曲折、无边无际的，它具有无数分支，充满着欢乐、痛苦、艰险，但这就是人生的道路。

别再为错过了什么而懊悔。你错过的人或事，别人才有机会

遇见，别人错过了，你才有机会拥有。人人都会错过，人人都曾错过，真正属于你的，永远不会错过。

在坎坷的生活道路上，想做的事只要有能力做，那就不要等，不要害怕失败；想付出的爱只要觉得可以，那就大胆些，不要留下遗憾。生活是要靠自己经营的；工作是要靠自己努力的；伴侣是要用心呵护的；家庭是要彼此珍惜的。

做不到的事别随意答应，喜悦的时候别轻易许诺，忧伤的时候别乱回答，愤怒的时候少做决定，这样你的生活会轻松很多。

幸福，是用来感觉的，而不是用来比较的；生活，是用来经营的，而不是用来计较的；感情，是用来维系的，而不是用来考验的。

命运不是放弃，而是努力；命运不是运气，而是选择；命运不是等待，而是把握；命运不是名词，而是动词。要改变命运，先改变观念。

人生没有如果，只有后果和结果。

熟悉的习惯、熟悉的路线、熟悉的日子里，永远不会有奇迹发生。改变思路、改变习惯、改变一种活的方式，往往会创造无限、风景无限。

许多时候，我们不是跌倒在自己的缺陷上，而是跌倒在自己的优势上，因为缺陷常常给我们以提醒，而优势却常常使我们忘乎所以。

无法改变风向，可以调整风帆；无法左右天气，可以调整心情。如果事情无法改变，那就去改变观念。

人生最重要的不是努力、不是奋斗，而是抉择。有眼界才有境界，有实力才有魅力，有思路才有出路。

世界上有一条很长很美的路，叫作梦想，还有一堵很高很硬的墙，叫作现实。翻越那堵墙，叫作坚持；推倒那堵墙，叫作突破。拼搏了你才会知道自己有多优秀。

人生不易，生活很难，家家都有本难念的经，人人都有辛酸的泪。没人知道痛苦会在哪个时段出现，也没人清楚烦恼会在哪个地方出现。我们能做的就是做好自己，珍惜拥有。

人生莫过于做好三件事：第一，知道如何选择，找一条适合自己走的路，别左顾右盼，不要误入乱花迷了眼；第二，明白如何坚持，好走的路上景色少、人稀的途中困苦多，坚守你的期望，才能看到下一刻的风景；第三，懂得如何放弃，属于你的终究有限，放弃繁星，才能收获黎明。

不要一味地认为人际关系最重要，在你没有能力的时候，没有什么比让自己变得强大更重要。

用情绪资源支撑他人的人，才能得到世界的犒赏。

得意时要看淡，失意时要看开。人生有许多东西是可以放下的。只有放得下，才能拿得起。尽量简化你的生活，你会发现那些被挡住的风景，才是最适宜的人生。千万不要过于执着，而使自己背上沉重的包袱。

人生的烦恼来自：我们忘了自己的事，爱管别人的事，担心老天爷的事。要活得轻松自在很简单：打理好自己的事，不干涉别人的事，甭操心老天爷的事。

我们活着为了什么？不要因为小小的争执而远离了你至亲的好友，也不要因为小小的怨恨而忘记了别人的大恩。

生活里的开心，60%建立在美食上，还有40%建立在一起吃饭的人上。

如果有缘，那么请相互珍惜；如果无缘，那么请相互祝福。如果缘来了，那么请相互温暖；如果缘尽了，那么请相互忘记。

懂得进退，才能成就人生；懂得取舍，才能淡定从容；懂得知足，才能怡养心性；懂得删减，才能轻松释然；懂得变通，才会少走弯路；懂得反思，才会提高自己；懂得感恩，才能温润心境。懂得放弃的人，得到更多；懂得舍取的人，珍惜更多；懂得遗忘的人，快乐更多。

世界再冷漠、别人再虚伪，都与你无关，你还是你。若把生活看成一种刁难，你终会输；若把生活当作一种雕刻，你总能赢。

有些事，我们明知道是错的，也要去坚持，因为不甘心；有些人，我们明知道是爱的，也要去放弃，因为没结局；有时候，我们明知道没路了，却还在前行，因为习惯了。

鱼搅不浑大海，雾压不倒高山，雷声震不倒山冈，扇子驱不散大雾。鹿的脖子再长，总高不过它的脑袋；人的脚指头再长，也长不过他的脚板；人的行动再快也快不过思想。

如果你是司机，你会觉得路人要守规则；如果你是路人，你会觉得车主需要礼让。

如果你是老板，你会觉得员工很是懒散；如果你是员工，你会觉得老板很是严苛。如果你是富人，你会觉得炫富不过日常；如果你是穷人，你会觉得炫富是种显摆。人啊，不同的位置，不同的想法，不在什么位置，很难感同身受。

爱出者爱返，福往者福来，我们理解不了他们的感受，但是可以少一些计较，多一些感恩和包容。

只有经过地狱般的磨炼，才能创造出天堂的力量。

有些地方，此生是一定要去的，只有亲历了远方山水，让梦成为现实，才不枉来人间走过一遭。

随时提醒自己的几句话：人

我们终其一生，都希望成为更好的人。求真、向善、憧憬美好，同人类与生俱来的动物性抗争到底，就是人性。

在愤怒的时候智商为零；人在急躁的时候动作会变形；人在没有给对方信任的时候，说什么都没用；人在失去方向的时候，做什么都没劲。

你的人生不会辜负你的。那些转错的弯、那些流下的泪水、那些滴下的汗水，全都让你成为独一无二的自己。

人重新振作的方法，大概可以分为两种：一种是看着比自己卑微的东西，找寻垫底的借以自慰；另一种是看着比自己伟大的东西，狠狠地踢醒毫无气度的自己。

成功是优点的发挥，失败是缺点的累积。走对了路的原因只有一种，走错了路的原因却有很多。先知先觉改变一生，不知不觉断送一生。

这个世界上从来没有一劳永逸的努力，就如没有不劳而获的成功，要想一生过得顺遂，除了一直努力，别无捷径。

努力应该是一种习惯，而不是一时兴起，这样将来你才可以有底气地说：得到的从来都不是侥幸。

同一阶段不同时期，机会的浪潮都会向不同的方向涌去。

有时候，人最不能容忍在别人身上看到自己的影子。

生活本不苦，苦的是我们欲望过多；人心本无累，累的是放不下的太多。不要去羡慕别人的表面风光，其实每个人都有自己内心的苦。

你人再好也不是每个人都会喜欢你，有人羡慕你也有人讨厌你，有人嫉妒你也有人看不起你，生活就是这样，你所做的一切不能让每个人都满意，不要为了讨好别人而丢失自己的本性，因为每个人都有原则和自尊。

学会爱自己，才是终生浪漫的开始。人这一生，一味去迎合别人，只会离幸福越来越远。唯有让自己快乐，才能活出人间值得。取悦别人，从来都不应该是生命的主题。

只有凭心而活，才能奏响最美妙的人生旋律。愿我们都能懂自己、爱自己、取悦自己。愿往后余生，我们每个人都能为快乐而生，为自己而活。

所有的成功，从来都不是一夜降临的，而是由无数个努力的瞬间积累起来的。努力不一定成功，但不努力一定没有收获。眼下你吃过的苦、受过的累，都会积攒成未来的满堂喝彩。

无论何时，请你都要记得：温柔的风终会吹向热血的你，老天也必会眷顾努力的你。

有些事经历过就好，正如有些人遇见了就好。至于有没有成功，至于有没有在一起，真的没那么重要。到最后我们终将发现，让我们成长的、让我们怀念的，永远都是过程。

我的整个生命，只是一场为了提升社会地位的低俗斗争。

永远不要怪别人不帮你，也永远别怪他人不关心你。活在世上，所有人都是独立的个体，痛苦和难受都得自己承受。没人能真正理解你，石头没砸在他脚上，他永远体会不到有多疼。人生路上，我们都是孤独的行者，真正能帮你的，永远只有你自己。

这个世界上两种人，一种是喜欢我们的人，另一种是恨我们的人。我们要为了爱我们的人活得绘声绘色，而不是为了恨我们的人活得闷闷不乐。

人生都是走着走着就开阔了，现在的你，不用着急。让未来本就该属于你的树再长长、那些花再开开，等你遇见的时候，才是最美的时候。

真正强大的人，从来不需要去碾压别人，更不会表现出极端的强势；相反，他们非常柔和，让人如沐春风，但身上却自带强大的气场，在智慧与见识的支撑下，让人倾倒，而不是浑身带刺，思想偏激，令人敬而远之。

有时候，我们活得很累，并非生活过于刻薄，而是我们太容易被外界的氛围感染，被他人的情绪左右。其实你是活给自己看的，没有多少人能够把你留在心上。

时间最是无情，它才不在乎你是否还是一个孩子，你只要稍一耽搁、稍一犹豫，它立马帮你决定故事的结局。它会把你欠下的对不起，变成还不起。又会把很多对不起，变成来不及。

人生最可悲的事情，莫过于胸怀大志却又虚度光阴、聪明不足又习惯拖延、学历不高又不肯学习、不满意自己又自我安慰。这世上没有什么比叫醒自己更加困难。

除了生老病死，人生里真正重要的事其实没有几件。没必要为了小事愁容满面，也没必要去跟小人争个长短。记得对自己好点儿。

人生，总有许多沟坎需要跨越；岁月，总有许多遗憾需要弥补；生命，总有许多迷茫需要领悟。

倘若心中愿意，道路千千条；倘若心中不愿意，理由万万个。一切问题，最终都是时间问题；一切烦恼，其实都是自寻烦恼。

别和小人过不去，因为他本来就过不去；别和社会过不去，因为你会过不去；别和自己过不去，因为一切都会过去；别和亲人过不去，因为他们会不让你过去；别和往事过不去，因为它已

生活总是两难，再多执着，再多不肯，最终不得不学会接受。从哭着控诉到笑着对待，到头来，不过是一场随遇而安。

经过去；别和现实过不去，因为你还要过下去。

有人活着，是为了完成前世未了的故事；有人活着，是为了过尽细水长流的日子。有人活在过去，有人活在将来，被忽略的，总是今天。

这个世界上，没有一种痛是单为你准备的。因此，不要认为你是孤独的疼痛者；也不要认为，自己经历着最疼的疼痛。尘世的屋檐下，有多少人，就有多少事，就有多少痛，就有多少断肠人。

生活中最重要的事情不是我们在哪里，而是我们朝着哪个方向前进。

每一天都是一个新的开始，抓住它，让它成为你生命中的一部分。

有些路，走下去会很苦很累，但是不走会后悔。没人心疼，也要坚强；没人鼓掌，也要飞翔，要记住，越努力越幸运。人贵在行动，只有努力了梦想才能实现。前进不必遗憾，若美好，叫作精彩；若糟糕，叫作经历。好好去爱、去生活，每天的太阳都是新的，别辜负了美好时光。你若盛开，蝴蝶自来；你若精彩，天自安排。

该坚持时就坚持，以不变应万变；该改变时就改变，以万变应不变。

世界太大，生命这样短。要把它过得尽量像自己想要的那个样子。

生活的道路一旦选定，就要勇敢地走到底，决不回头。

无论个人环境有何不同，有一点是相同的，他们所生活的世界都是由他们自己造成的。

努力是一种生活态度，与年龄无关。所以，无论什么时候，真正能激励你、温暖你、感动你的，不是励志语录心灵鸡汤，也不是励志的故事，而是充满正能量的你自己。

往事不回头，未来不将就；酸甜苦辣自己尝，喜怒哀乐自己扛；愿你眼中总有光芒，愿你活成你想要的模样。

失望和生气是不一样的，生气只不过是想被人哄哄，而失望就是你说什么我都听不进去，开始理性思考，不抱有希望。

回忆过去，满满的相思忘不了。朋友一生一起走，那些日子不再有，一句话，一辈子，一生情，一杯酒。有过伤，还有痛，还有你，还有我。

走在尽头，再来回首，你看到的又会是怎样的一种颜色呢？昏黄的街灯，招摇着回家的路。

转眼间，几年，不经意间就溜走了。花落花开开不休，上善若水水自流。花招月夜，转眼一切竟成指间沙，在手心，哗哗流淌。听听电台的声音，看看你我留下的痕迹。

谁把我的一生，妥善地收藏？明媚与悲伤，都放在心上，谁会珍惜我的坚强？好与不好，都捧在手掌。谁会爱上我的善良，读懂我心底的伤，愿意给我温暖的阳光？谁陪我一起把岁月观赏，一起看人生的戏幕收场，天涯海角，不相忘？

这个冬天，虽是寒冷，也是有阳光的，我蛰居在小城，就这样与一段文字相暖、与一首曲子相契，生命的山水，也会映亮了人来人往的目光。

每座城市都会下雨，就像我走到哪里都会想你。

树在，山在，大地在，岁

如果有那么一天，你不再记得，我不再记得，时光一定会替我们记得。

月在，我在。你还要怎样更好的世界？

时间仍在，是我们飞逝。

翩跹魅影，鸿雁难断，艳冠八方倾城颜。

成败随缘，得失随缘，酸甜苦辣泰然处之，遇事坦然自若，人生才能走得更远。

衣衫随风扬起一角。他对她笑，盛开仲夏的年华。

不要忘记那些曾让你开心过的事情。把别人看得太重，结果到头来自己什么都不是。快乐是一种心情，无关物欲。心怀豁达、宽容与感恩，生活就会阳光明媚。人生有得有失，聪明的人懂得放弃，幸福的人懂得超脱。

醉酌禅茶，不言秋心，淡月，幽窗，茗溢；素颜，清影，独倚。月色朦胧，繁华落幕，幽篁一曲袅绕碧穹，碎结亘古由来的世事成空。彼岸，是谁横笛遣韵，演绎千古绝唱？几分寥落，几许忧伤，在最深的记忆里斑驳成缕缕心痕。云烟缥缈，往事如风，蓝田日暖，沧海月明。薄雾锁清愁，浮光幻纤影。

当你清楚地知道自己想要什么，并且意愿非常强烈的时候，你总会有办法得到的。

一树花开，明媚了记忆；一山好水，温润在心底。静默在岁月的路口，一份相知相惜暖在眸里，浓淡相宜。依着时光的静谧，眸里的暖、心里的念，悉数凝聚指间，如水清澈的情，因默契而相惜，心中有暖在，便是花开时！念，是花开的嫡旎！

一直以来，我喜欢以一颗澄净的心，低眉于空灵的文字中，在属于自己的这半亩花田里，精耕细作，将人生的感悟、心中看到的美好，一一捡拾，汇成这小小的段子。朝花夕拾，与文相依的日子，天是蓝的，花是馨香的，草是嫩绿的；与文相伴的生活，心是善的，人是勤的，日子是细碎的。

欣赏生活也不是一味地对理想的放纵，随遇而安，这是对生活品质的践踏。这种欣赏只是在你追求的过程中让你感到新的力量，从而使生活更丰富，让你更好地实现理想。

能够拯救你的，只能是你自己，不必纠结于外界的评判，不必掉进他人的眼神，不必为了讨好这个世界而扭曲了自己。

永恒，就是消磨一件事的时间完了，但这件事物还在。

柳暗花明

不能因为没有掌声就丢掉自信。

不要轻易去依赖一个人，它会成为你的习惯，当分别来临，你失去的不是某个人，而是你精神的支柱。无论何时何地，都要学会独立行走，它会让你走得更坦然些。

世界充满分歧，所以要学会尊重他人。

一切皆有因缘，莫贪多求。心静自然明，无欲则刚。人生如梦，珍惜当下，勿忘初心，方得始终。

这世界上所有光鲜亮丽的背后，都透着无比的寂寞。但每次努力之后的平静安详，都映射着人生轨迹的跳跃。不管前方的路有多苦，只要走的方向正确，不管多么崎岖不平，都比站在原地更接近幸福。

如果你不花时间去创造你想要的生活，你将被迫花很多时间去应付你所不想要的生活。成功的路上，没有人会叫你起床，也没有人会为你买单，你需要自我管理、自我约束、自我突破。

世上没有喜欢孤独的人，我只是不想勉强交朋友，这只会落得失望。

人的一生是万里河山，来往无数过客，有人给山河添色，有人使日月无光，有人改他江流，有人塑他梁骨，大限到时，立在山巅，江河回望。

时间并不会真的帮我们解决问题，它只是把原来怎么也想不通的问题变得不再重要了。

人生本来就没有相欠，别人对你付出，是因为别人喜欢；你对别人付出，是因为自己甘愿。情出自愿，事过无悔。

好的生活不是拼命透支，而是款款而行，当我们被欲望追赶，步子迈得太快，就容易丧失自我。懂得给欲望做减法，学会与内心和平相处，坚守一份清醒与自持，保持自己的步调，才是真正的内心强大。

人生很长，以后你还会遇见许多无能为力的事，把眼光放长远一点儿，慢慢地你会发现这些没什么大不了的，该遇见的遇见、该放弃的放弃。

一个人的不幸，是从羡慕别人开始的，人之所以累，是因为越来越不会做真正的自己。要知道，上天给你这样的一份生活，自有它的道理，把自己的日子过好，就是幸福唯一的捷径。

你永远不知道未来的你会有什么样的人生，和什么人在一起恋爱，吃的是多少钱的早餐，生活的是几线城市，会给父母怎样的回报。但是我想对你说，越努力真的会越幸运，你的余生还很长，要坚强地走下去，要做一个优秀的人。

人要走过千万重山，抵达高

山顶端之后，再甘愿放低自己，以平常心做人，但这只能属于有觉悟的人。

没有谁能左右你的情绪，只有你自己不放过自己，谁心里没有故事，只是学会了控制。得不到的就不要，不是好的就扔掉，我们应该在薄情的世界里，深情地活着。

我目光所及的所有事情，只有一个东西，叫解决问题。

不要在配偶累了、困了、饿了的时候和他（她）讲道理。能量不足的情况下，人很难控制自己的情绪。

性格决定命运，气度决定格局，细节决定成败，态度决定一切，思路决定出路，高度决定深度。

再风光的人，背后也有寒凉苦楚；再幸福的人，内心也有无奈难处，谁的人生都不易，笑人等于笑己，尊重别人就是尊重自己。

总有感觉到快支撑不下去的时候，而每一次都得收拾好心情，然后重新开始，你只有熬过一次次这样的时刻，你才能变得强大、才能熬过来、才能变好。

无论是对事还是对人，我们只需要做好自己的本分，不与过多人建立亲密的关系，也不要因为关系亲密便掏心掏肺，切莫交浅言深，应适可而止。

我们可以转身，但是不必回头，即使有一天，发现自己错了，也应该转身，大步朝着对的方向去，而不是一直回头怨自己错了。

当你身处黑暗之中，才看到平时忽略的美好；当你春风得意之时，反而容易计较别人的小过失，眼里揉不进一粒沙子。人生在世，我们并不见得高尚多少。

人在没有经验的时候最容易犯错，就是逮住一个错拼命地努力。

生活如果能和赖床打哈欠一样简单轻松就好了，却常常难得就像是让你在寒冷的冬天早起。

人活得糊涂一点儿挺好，我们不太想去知道别人背后是怎么评价我的，人们内心真实的想法总会毫不留情地戳伤你，不要意外，这很正常，不是因为你不好，只是大多数人会在背后放大你的缺点。

一个清醒者，他面对一些不能与自己思想同步的人，即使不被理解，忧愤难安，然而心地沉稳，已有答案，不需要勉强别人去认同。

人生就是一场旅行，走过的每一个地方、遇到的每一个人，都会成为你的回忆。离开的，挥手目送，别挽留；留下的，好好陪伴，别弄丢。

每一个在你生命里出现的人，都有原因，都有使命。喜欢

选择和你步伐一致的人同行，如果没有，那就一个人。

你的人给了你温暖和勇气；你喜欢的人让你学会了爱和自持；你不喜欢的人教会了你宽容和尊重；不喜欢你的人让你知道了自省和成长。没有人是无缘无故出现在你生命里的，每一个人的出现都是缘分，都值得感恩。

聪明的人，凡事都往好处想，以欢喜的心想欢喜的事，自然成就欢喜的人生；愚痴的人，凡事都朝坏处想，越想越苦，终成烦恼的人生。

你可能会遇到世界上最惨的事情，你也可能遇到最不想发生的事情，但不管人生里有多少悲剧，你也要懂得，走过最黑暗的岁月，剩下的日子，就一定是光明。

你的怨天恨地，只是在展示你的窝囊；你的愤世嫉俗，只能体现出你的狭隘。

努力，是为了跳出你厌恶的

与其埋怨世界，不如改变自己。管好自己的心，做好自己的事，比什么都强。人生无完美，曲折亦风景。

圈子；读书，是为了远离渣货和垃圾人；健身，是为了让傻子心平气和地跟你说话。唯有成为更好的自己，世界才是你的。

看懂一个人，一定是你在意过；看清一个人，一定是你落魄过；看破一个人，一定是你较量过；看透一个人，一定是你付出过；看穿一个人，一定是你受骗过；看淡一个人，一定是你珍惜过；看明一个人，一定是你放弃过。

只有你把你自己的生活过到足够好时，你才有闲心和资格去评论他人的生活，而当你过得真的足够好时，你可能更没有闲心去评论了，因为你只热爱你自己所拥有的生活。

人的感情就像牙齿，掉了就没了，再装也是假的，掉了的东西就不要捡了，接受突如其来的失去，珍惜不期而遇的惊喜。

一百种人有一百种命运，有的人可以一条路一直走到底，有的人却注定要曲曲折折，不过谁也不需要羡慕谁。最重要的是：我们迟早会遇上。

你不会的东西，觉得难的东西，一定不要躲。先搞明白，然后精湛，你就比别人优秀了。因为大部分人不舍得花力气去钻研，自动淘汰，所以你执着的努力，就占了大便宜。

所有人和事，自己问心无愧就好，不是你的也别强求，反正离去的都是风景，留下的才是人生。

不要随意否定自己，不要胡乱鼓励自己，当你越来越习惯诚实面对自己的心声时，你就越来越不会为条条框框所困，越来越感受到自己真正的本心。

人要有节制、有收敛，就像酒喝微醉的状态最好，大醉的话既伤身，也可能会惹祸。

故事发生在别人身上是故事，发生在自己身上，就是命运了。能原谅的，不说原谅也会原谅；不能原谅的，说了原谅也不会原谅。

人生不过是一张清单，你要的、你不要的，计算得太清楚的人通常聪明无比，但换来的却是烦恼无数和辛苦一场。凡事不论成败，只要经历。这一生，本就是为了不输给自己而已。

我们最大的悲哀，是迷茫地走在路上，看不到前面的希望；我们最坏的习惯，是苟安于当下的生活，不知道明天的方向。

这个世界上没有悲剧和喜剧之分，如果你能从悲剧中走出来，那就是喜剧；如果你沉湎于喜剧之中，那它就是悲剧。

人生中出现的一切，都无法拥有，只能经历。深知这一点的人，就会懂得：无所谓失去，而只是经过而已；亦无所谓失败，而只是经验而已。

生活中出现不顺心的事情，不要心怀不满、怨气冲天，也不必耿耿于怀、一蹶不振，是福是祸都得面对，是好是坏都会过去。生气，是拿别人的错误惩罚自己。

经历过跌跌撞撞，才知道内心所向；经历过迷茫不安，才懂得逼自己前行；经历过窘迫尴尬，才学会耐得住性子。任何人的成功都无法一蹴而就，每一阶段的抵达，都是一步一个脚印的积累。慢慢来，别着急，生活终将为你备好所有的答案。

如果人生是一次赌局的话，洗牌的是上帝，但是打牌的却是我们自己，打得好坏全在于我们。

玫瑰花上的刺，不是为了伤害别人，而是为了保护自己，想当个好人很好，但绝没必要让自己成为一个来者不拒的"烂好人"，老是成全别人，却让自己不断受到伤害。

在每个平凡的日子里都溢出欢喜。

所有的不甘，都是因为还心存梦想，在你放弃之前，好好拼一把，只怕心老，不怕路长。

挫折会来，也会过去，跌倒了再爬起、失败了再努力，永远相信不管自己再平凡，都会拥有属于自己的幸福。

越是忙碌，就越是要小心生活的鸡零狗碎，不要被无谓的人事消耗，不要在生活的泥潭里打滚，要时刻清楚什么才是对自己最重要的事，谁才是对自己重要的人。保持专注，保持警惕，时间用在哪里，人生就在哪里。

生命是自己的，不必用别人的标准来框定自己的人生。如果想讨好所有人，满足所有人的标准，最终只会迷失自己。

人生于世，以低求高，以曲

求直，乃是做人的一种品格。

生活不是用来妥协的，你退缩得越多，能让你喘息的空间就越有限；日子不是用来将就的，你表现得越卑微，一些幸福的东西就会离你越远。

人心之烦，烦在计较；人生之苦，苦在执着；人生之难，难在放下。生活中，你在意什么，什么就会折磨你；你计较什么，什么就会困扰你。纵使天大的事，当你用顺其自然的心态去面对时，就会发现其实没什么，只是自己想得太复杂了而已。

人生路上，免不了烦恼重重，有些误解，越想辩解就越烦恼，越烦恼就越解释不清楚，多一些空间和时间，一切都会明了。多几分宽松，所有的不见都会相见，所有的伤心都会重新掂量，烦恼的程度大小，关键在于你眼界的宽窄。

放下过去的最好方法，就是过好你的现在。努力做好当下的事，让自己更强大、更优秀，过去的也就不值一提。希望有这么

最使人疲惫的往往不是道路的遥远，而是你心中的郁闷；最使人颓废的往往不是前途的坎坷，而是你自信的丧失。

一天，你可以强大到不轻易依赖任何人。

千万不要把自己的软弱展现给别人看；千万不要把自己的狼狈述说给别人听。因为根本没有人会觉得你很可怜，只会觉得你很无能、很没用。

最终我们都将学会与他人交往，最重要的不是甜言蜜语、不是容貌金钱，而是你和他对这个世界的看法，对人生的态度是否一致。在成人的世界里，只有相同价值观的人相处起来才会更为舒服和长久。

人活着，就是一个不断学着放下的过程。很多事，你经历过后，回头再看，那些你越是放不下的东西，也往往对你伤害越深。

别总是抱怨生活不够幸运，是你欠了生活一份努力，每一个你讨厌的现在，都有一个不够努力的曾经，未来美不美，取决于你现在拼不拼。

人最强大的时候，不是坚持的时候，而是放下的时候。当你选择腾空双手，还有谁能从你手中夺走什么！多少人在哀叹命运无可奈何之际，却忘了世上最强悍的三个字是：不在乎！

有真诚才会有宽容，因为以真面目示人，代表着一种自信，只有自信的人才能大度宽容。

改变，永远不嫌晚。无论你是几岁，也无论你目前所处的境况有多糟，只要立定目标、一步一步往前走，人生随时都有翻盘的可能。

不要把依赖一个人当成你的习惯，因为一旦分别，你失去的将会是你的整片天空。独立行走或许艰难，但至少面对风雨的时候，我们能更坦然。

别把自己想得太伟大，要知道，在别人的世界里，不管你做得多好，你都只是个配角而已。

除了电影里，没人会等你四五年，说白了，感情就是不联系就没有的东西。

天总会亮的，没有太阳也会亮的。

生活是很现实的，当你处在高处的时候，身边的人都会围绕着你；当你处在低谷的时候，身边的人总是无视你的存在。

能干的人，不在情绪上计较，只在做事上认真；无能的人，不在做事上认真，只在情绪上计较。把脾气拿出来，那叫本能；把脾气压回去，才叫本事！

别人可以给你做一双超级好穿的鞋子，但路必须我们自己走，生命中的一切我们都要自己承受。

当得到了自由、金钱、时间，却发现遗失了单纯的快乐、无虑的青春、充实的生活。成长，未必让你得到想得到的，却总会让你失去不想失去的。任何一种拥有，背后都含着隐隐的疼痛。

不要太乖，不想做的事可以拒绝，做不到的事不用勉强，不喜欢的话假装没听见。人生不是用来讨好别人的，而是要善待自己。

人生如梦，短短数十载，酸甜苦辣，都可能经历过，但是从中能得到多少，就见仁见智了。在许多风口浪尖时，大多数人却而止步了，只有那些勇于直面困难，但又不轻视困难的人才能勇拔头筹。

我们犯过最多的错误，大概就是在情绪不好的时候，向身边最无辜的人发火。一个人在世间需要两种能力，即好好说话和稳定情绪。

你是你，已不是最初的你！

你是你，也不是昨天的你！

每天的睡去，是旅程的一个终站。

每天的醒来，是旅程的一个起点。

所谓无忧无虑的生活，早已被命运在暗中标好了巨额价码，在未来的某一天，你会惊讶地发现：这是一场提前消费，而你的余生都将以沉重的代价，为它支付本金加利息。

不要轻易否定一个人，包括自己；每个人都同样努力的时候，结果也会完全不同，况且每个人所面对的困境也不同。

避免失望的最好办法，就是不寄希望于任何人、任何事。

给物质生活做减法，给精神做加法，宠爱自己的家人，过力所能及的生活，并且感受到幸

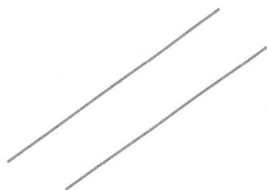

人的烦恼就12个字：放不下，想不开，看不透，忘不了。带着简单的心情，看复杂的人生，走坎坷的路。人生，简单就快乐；生活，开心就好！

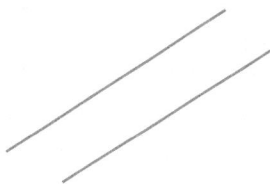

和谁都别熟得太快，不要以为刚开始话题一致、共同点很多，你们就是相见恨晚的知音。语言很多时候都是假的，一起经历的才是真的。

福，就是奢侈的人生；再重要的人让你失望多了，也变得不再重要了。失望到一定程度后，反而会开出一朵花来，那朵花的名字叫无所谓。哀莫大过于心死，心死莫过于一笑。

生活越来越像黑色幽默，不让你懂的时候你偏想懂，等到你懂的时候却又想什么都不懂；你应该享受没长大时光的时候你拼命地想长大，等到长大了又恨不得制造时光机器回到过去。

听到别人的恶意中伤，没必要对此念念不忘，转头放下便是。如果一直不停地去想，就像把别人吐出来的东西，自己又捡起来吃一样愚笨。

你要做一个不动声色的大人了。不准情绪化，不准偷偷想念，不准回头看。去过自己另外的生活。你要听话，不是所有的鱼都会生活在同一片海里。

不必太纠结于当下，也不必太忧虑未来，当你经历过一些事情的时候，眼前的风景已经和从前不一样了。

人生从来不是规划出来的，而是一步步走出来的。勇敢去做自己喜欢的事情，哪怕每天只做一点点，时间一长，我们也会看到自己的成长。不管你想要怎样的生活，你都要去努力争取。人生因为经历，所以才懂得。只有吃过生活的苦头，经历过许多的事情，再加上自己的修养和悟性，才能做到平和淡泊。

很多时候，当我们把自身变得更优秀时，那些困扰你的问题自然而然就解决了，所以，不要把情绪集中在那些无用又暂时无法解决的事情上，把心思集中在如何把自身变得更优秀的角度上，把眼光放长远一点儿，你强大了，一切自然会改变。

每一段岁月都有它存在的价值，都不应该被辜负。人这一生能做的最愚蠢的事情，就是把全部希望都孤注一掷到未来的某个节点上，而忽略了生活本身应有的乐趣。

选择任何一种生活方式，都有得有失。所以，不用羡慕什么，也不用抱怨什么。你所能做的，只是保持身体和内心的平衡。

有些事不愿发生，却不得不接受；有些人不可失去，却不得不放手。有时候，我们等的不是什么人、什么事。我们等的是时间，等时间，让自己改变。

你要接受这世上总有突如其来的失去——洒了的牛奶，遗失的钱包，走散的爱人，断掉的友情等。当你做什么都于事无补时，唯一能做的，就是努力让自己好过一点儿。丢都丢了，就别再哭了。

没有不可治愈的伤痛，没有不能结束的沉沦，所有失去的，会以另一种方式归来。

所谓成熟：就是原本你该哭该闹，你却选择了不言不语微微一笑。

脾气看起来很大的人往往气消得很快，总说要走的人通常不会离开。而事实上，真正脾气大的人往往平时看起来不动声色，真正要走的人总是一言不发的沉默。

宠辱不惊

最近想通了，人生短短几十载，善良、珍惜、健康、平安地过好自己的人生就够了，别的没多大意思。

我们曾如此渴望命运的波澜，到最后才发现，人生最曼妙的风景，竟是内心的淡定与从容。我们曾如此期盼外界的认可，到最后才知道世界是自己的，与他人毫无关系。

闲看花开花落，静观云卷云舒。放下执念，心向光明，从此刻起，放下包袱，轻装前行。

被人误解很正常，哪怕是你最亲的人。不要总盼着别人跟你想到一起，毕竟心不同，想法就不一样。出现矛盾时，不妨一笑而过，相信时间是最好的磨合剂。

时间，不要浪费在没有价值的事情上；感情，不要倾注在不懂珍惜的人身上。有些主动，别人不理就算了；有些在乎，他人不觉就罢了。何必用真心换来伤心，最后只剩寒心；何苦用重视收回漠视，最终只有无视。

生活就像一杯茶，不在乎杯子的大小和形状，而在乎你如何

品味它。每一天都是新的开始，每一次呼吸都充满了可能。所以，无论遇到什么困难，都要坚持下去，因为你永远不知道，下一口茶的味道会是怎样的。

向往有结果的事和说到做到的人。

人生，就是这样叫人无奈；生活，就是这样让人不能明白。你钟情的往往使你失望，你放弃的常常让你回望。一些舍不得，只能放在心底；一些禁不住，只能刻意忘记。

成长中所有遇到的问题，都是量身定做的。解决了，你就成为你这类人当中的幸存者；不解决，你永远也不知道自己可能成为谁。

得意时要看淡，失意时要看开。人生有许多东西是可以放下的。只有放得下，才能拿得起。尽量简化你的生活，你会发现那些被挡住的风景，才是最适宜的人生。千万不要过于执着，而使自己背上沉重的包袱。

人多时，管住嘴。话多、错多、是非多，自找麻烦；人少时，管住心，妄念、妄想、痛苦多，自找烦恼。群处守嘴，独处守心。修己以清心为要，涉世以慎言为先。

前路漫长，在心头，在足下。你应不犹豫、不慌张、不幻想、不勉强，踏实务实、心有阳光，用今天的行动，决定明天的模样。

希望你开心，无论现在还是未来。

这一生会遇到很多的人，对你好的人，在背后说你坏话的人。可这些到最后馈赠给你的，是经过一些事情后所明白了的道理，无论如何，感谢经历。

人生就像一场马拉松，不在乎你是第一个到达终点的人，而在乎你是否坚持到了最后。有时候，我们可能会跌倒，但是只要我们愿意站起来，就还有机会继续前行。记住，只有那些敢于面对困难，不断挑战自我的人，才能在人生的道路上走得更远。

一段路，也许刚走时，充满激情与信心，走了一段时，发现激情减退了，信心不知道跑哪儿了。其实不是路变了，也不是路上的风景变了，路还是路，景还是景，只是你的态度变了。不忘初心，方得始终！

把节奏放慢，生活也是，爱也是。

一生想安稳，交友须"过滤"。不要将太多的人请进你的生命里。天上星多月不明，地里草多无收成，河里鱼多水不清，世间人多要分清。

人生只售单程票，过去的就过去了，不要频频回首，在哪里存在，就在哪里绽放。做人，要有一份内心的不声不响，有一份急迫中的不紧不慢，还有一份尴尬中的不卑不亢。

人要有三平心态：平和、平稳、平衡。对自己要从容，对朋友要宽容，对很多事情要包容，这样才能活得开心。

不努力的话，天赋是会被收走的。

每个人都有自己的生活节奏，有的人喜欢快节奏，有的人喜欢慢节奏。无论你选择哪一种，都不要因为别人的选择而改变自己。因为每个人都是独一无二的，你的生活也应该是你自己的。所以，请按照自己的节奏来生活，你会发现，这样的生活才是最美好的。

不要总是怨天尤人，以为满

世界的人都对不起你，要多从自己身上找问题。

不要抱怨上天的不公，也不要抱怨命运的坎坷，真正勇敢的人，敢于直面惨淡的人生。只有敢于接受真相，不和过去的任何事情较劲，才有精力去改变自己不尽如人意的命运。

真正的善良不是软弱，更不是退让，而是从不去主动伤害别人，不会纠缠不休，懂得适可而止。为人处世以诚相待，不欺骗，不撒谎。以诚恳善良的心去面对所有的人。

这个世界唯一不变的就是变化，任何事情，想到了就要去做，永远不要去等待和拖延。学会不抱怨、不计较、不看过去，因为你的未来将比过去更美好。旧时光终究都是会老去的，总是会有新人在不远的前方在等着你。

不管什么天气，
自己带上阳光。

生活再糟，也不妨碍你越来越好。

人们总是喜欢用"如果"去勾勒一些莫须有的奇迹，可大部分"如果"不可兑现。等待不可怕，可怕的是不知道什么时候是尽头。

感谢生活，有剥夺也有馈赠。

常言道：你想成为什么样的人，就与什么人接近。与凤凰同飞，必是俊鸟；与虎狼同行，必是猛兽；与智者同行，必是通透者；与高人为伍，必然走上坡。

若想活得好，千万别生气。生气，是最伤心伤身的行为；生气，既伤心伤肝又伤神。生气，是替别人惩罚自己；生气，是用自己的健康为别人的错误买单。

生活的常态就是，有些事你尽200%的努力，也可能不完美；有些人你用尽全力去爱，最终也会分道扬镳。当你开始接受和适应这些的时

总之岁月漫长，然而值得等待。

候，你就长大了。

人往前走，苦才会往后退。

人生没有真正的完美，只有不完美才是最真实的美。人生有很多事都是无法提前完成的，不要指望今天能够把明天所有的问题都解决掉。

一个人应该：活泼而守纪律，天真而不幼稚，勇敢而不鲁莽，倔强而有原则，热情而不冲动，乐观而不盲目。

如果敌人让你生气，那说明你还没有战胜他的把握；如果朋友让你生气，那说明你仍然在意他的友情。

要像星星一样闪闪发光。

所有的坚持都是因为热爱。

人的一生不是没有风雨，而是风雨来了，懂得为自己撑伞。

面对热爱要不留余力地喜欢。

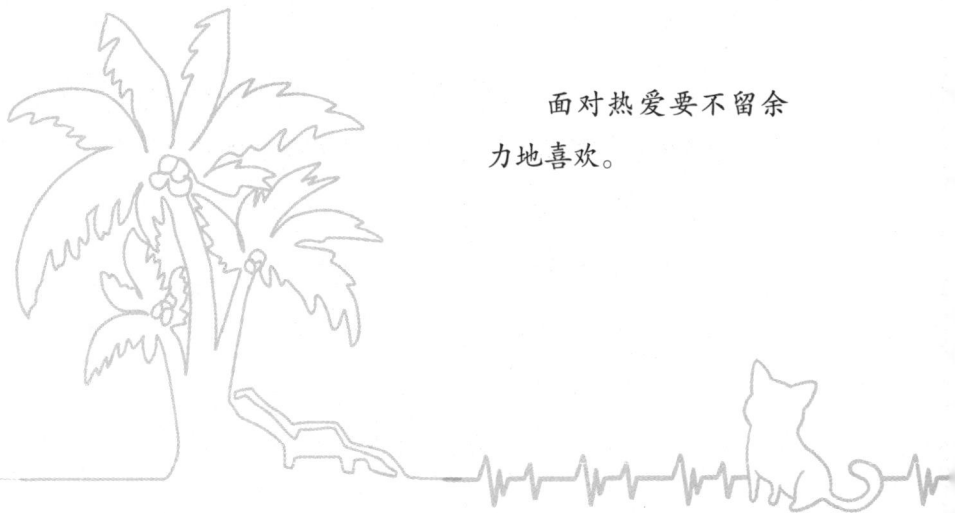

生活不是没有挫折，而是在浮沉中学会内心笃定。

不辜负生活，不迷失方向。

知道光和光怎么打招呼吗？在最黑的地方见。

枯燥无味的课本沾染的全是希望和未来。

用心甘情愿的态度，过随遇而安的生活。遗憾，随风散去；美好，留在心底。给心灵一缕阳光，温暖安放，心若向阳，无畏悲伤。

要想在人前发一分光，就得在人后付出百倍的努力积蓄热量。成功对于每个人而言都是公平的：它承认和奖赏勤劳、努力！从今天开始，为理想全力以赴。

人生不要被过去控制，决定你前行的，是未来；人生不要被安逸控制，决定你成功的，是奋斗；人生不要被别人控制，决定你命运的，是自己；人生不要被金钱控制，决定你幸福的，是知足；人生不要被表象控制，决定你成熟的，是看透。

以后我们都会熠熠生辉的，不然对不起这份苦。

微笑和沉默是两个有效的武器：微笑能解决很多问题，沉默

你的日积月累，终会
成为别人的望尘莫及。

能避免许多问题。

也许不完美，但我一直在做
我自己。

茶不过两种姿态：浮、沉；
饮茶人不过两种姿势：拿起、放
下。人生如茶，沉时坦然，浮时
淡然，拿得起也需要放得下。

成功路上并不拥挤，因为坚
持的人很少。

不要相信那些不劳而获的童
话，真正强大而成熟的人信奉的
是天道酬勤。

我的光应该灿烂而热烈，而

不是因世俗的烟尘而黯淡。

不要因为没有掌声而丢掉梦想。

我不停奔跑，只为追赶当年被寄予厚望的自己。

我不知道我将要去向何方，但我已经在路上。

相信这个世界，再给自己一点儿时间。

你可以阴郁，可以懒散，可以不时地计较、过分敏感，可以有些不知足、暴躁、嫉妒、小气……但要记得考问自我，必须追求善良、尽力坦荡、永远正直。

我从来不指望自己能够吸引别人，我觉得这样很浅薄。我得吸引我自己，让我自己有了热爱，才能完成以后孤单又漫长的日子。

我依旧敢和生活顶撞，敢在逆境里撒野，直面生活的污水，永远乐意为新的一轮月亮和日落欢呼。

人生不如意时，不要太频繁地去抱怨命运；生活不如意时，不要太频繁地去打扰别人；心情不如意时，不要太频繁地去要求自己。

人生处处有磨难，活着就是一种修行。人生经历的小事无数，不能计较的却很多；人生遇到的大事很少，也只能尽人事以听天命，常人无可奈何。为小事而常介怀，不值；为大事而常悲戚，不该。故，面对小事，要开心；遇到大事，要宽心。

在人生的旅途中，最糟糕的境遇往往不是贫困、不是厄运，而是精神和心境处于一种无知无觉的疲惫状态：感动过你的一切不能再感动你，吸引过你的一切不能再吸引你，甚至激怒过你的一切不能再激怒你。这时，人需要寻找另一处风景。

人生短短几十年，不要给自己留下什么遗憾，想笑就笑，想哭就哭，该爱的时候就去爱，无须压抑自己，新的一天总有新的活法。

就算无人问津也好，技不如人也罢，千万别让烦恼和焦虑毁了你本就不多的热情和定力。

人生的困扰大抵来自四个方面：不可避免的死亡，内心深处的孤独感，我们追求的自由及生活并无显而易见的意义可言。

所有的欺骗、侮辱和伤害，只是这个世界温柔补偿的序曲。

大多数时候，消耗你能量的不是工作，而是工作中遇到的人。干活本身是不累的，平衡情绪最累。

别有事没事跟别人诉苦，这世上能感同身受的人很少，大部分人听听也就烦了，还有少部分人会当作笑柄到处宣传。

与其焦虑，不如安息。

与其害怕，不如祈祷。

我们只适合做自己，所以别总想着做别人。找到自己的生活节奏，找到自己的风格，好好做自己。

有些人看起来整天面带笑容，并不是因为他们事事顺利，只是他们比你敢于面对问题、善于遗忘不幸、勇于拥抱未来。

在一切变好之前，我们总要经历一些不开心的日子，这段日子也许很长，也许只是一觉醒来。所以耐心点儿，给好运一点儿时间。

不要因为害怕失去而不敢拥有，否则，你就会失去人生。同样，不要因为拥有什么而担心它的失去，否则，你就会失去自我。

你最痛苦的时候，窗外有小鸟在快乐地歌唱；你最快乐的时候，有人正受着病魔的折磨，和死亡搏斗、挣扎。世界总是一样

的，只是我们的心情和遭遇不一样而已。

与其热闹着引人夺目，步步紧逼，不如趋向做一个人群之中真实自然的人，不张扬、不虚饰，随时保持退后的位置。心有所定，只是专注做事。

当你满怀欢喜期待奇迹的时候，现实总是给你致命一击，所以，失望是常态，但愿我们都能够披荆斩棘，活出自己想要的样子。

别恃宠而骄，别卑贱讨好。敏感又特别懂事的人，只要稍微给点儿暗示，就能读懂背后的意思，所以从来不会让别人感到为难，只会为难自己。

与真实的世界和人发生连接，远远比在网络上获得的幸福感大得多。

男人们常常有娶对方的决心，但缺少了要让对方幸福的决心。

穷不会毁掉一个人，贪心才会。

我们不可能以破坏自己界限的方式，获得友情、爱情和亲情。我们首先必须是自己，之后才能发展出友情、爱情和健康的亲情。让我们成为自己的不是我们同意什么，而是我们拒绝什么，这就是我们的界限。

不要做你不喜欢做的事，不要娶你不喜欢的人；做了就要做好，娶了就要爱。

我们和朋友说话，都要经过大脑想想；我们和配偶孩子说话，更要经过大脑想想。为的是不让我们随便说出来的话伤害他们。

我们不是要追求成功，而是要追求正常；我们不是要富裕发达，而是要平安就好。

我们越是关注自己的存在感，越是痛苦；不要关注自己的存在感，而要去做事情，做正确的事情。

钱多不是自由，不看重钱才

生活在别人的眼神里，就迷失在自己的心路上。你永远无法满足所有人，不必为了取悦这个世界而扭曲自己。

> **很重要的三件事：吃饭，睡觉，运动。**

是。但不能懒惰，不能不工作。

人内心的强大，就是在不断失望中建立起来的。最后我们会发现没有人爱我们，或者说没有人有能力爱我们。如同我们也缺乏爱别人的能力。

把委屈和泪水都咽下去，输不起就不要输，死不了就站起来，告诉所有看不起你的人：我

很好。

任何人都是这样，处理别人的事情总是大刀阔斧一把抓住主要问题，轮到自己却沉浸在细枝末节不肯放手。

许自己一份期待，好好生活、好好吃饭、好好睡觉，把自己的小日子变得热气腾腾。

人生只需要抓住最重要的，比如爱、喜乐、平安、健康，其他的东西都可以不要。

在糟糕的情况下，也可以选择用好的态度去面对，至少不作恶。

轻松的家庭氛围是很重要的，如果我们回到家里很紧张，那么是有问题的。我们自己是制造紧张的人，还是为家人带来放松的人？我们是常常幽默的人，还是总是责骂抱怨的人？希望我们可以让家变得愉悦，让孩子和配偶愿意回家，乐意回家。

哭，就畅快淋漓；笑，就随心所欲；玩，就敞开胸怀；爱，就淋漓尽致。人生，何必扭扭捏捏；生活，何苦畏首畏尾。

你可以丧一会儿，你可以尽情难过一会儿，但你得明白，情绪发泄完你还得整装待发。

如果人感受到恶意，就不会再分享自己的内心。

不辜负身边每一场花开，不辜负身边一点一滴的拥有，用心地去欣赏、去热爱、去感恩。人的一生就是这样，先去把人生变成一个梦，然后把梦变成现实。

如果紧张兮兮不能让生活变得更好，那就放松点儿；如果担惊受怕不能让事情有所改变，那就别害怕；如果破罐子破摔不能让你更好，那就别做傻事。

勤奋和贪心的区别：勤奋，是专注地把一件事情做好；贪心，是非常在乎结果和得失。

我们不是要尝一下恩典就走开，而是要将自己浸泡在恩典里。

人只能分享自己真实内心的一部分，或者是选择性地分享好的一部分，如果分享了全部，一是别人受不了，二是没有人这么干过，三是太冒险。

人最好的时候不是早，也不是晚，有些人你穷其一生也不会爱，有些人你一眼就爱上了，恰好那个人也爱上你，那就是最好的时候。

有些事情明知道不对，即便可以给我们带来快乐，那么也不要做，因为快乐之后的伤害是不可估量的。

人最大的问题是控制不了自己。

不要恨，因为你会活得很累、很辛苦。去爱吧，这样每天都充满美好和期待。没有什么人能一路单纯到底，但是要记住，别忘了最初的自己。

你以为不可失去的人，原来并非不可失去，你流干了眼泪，自有另一个人逗你欢笑，你伤心欲绝，然后发现不爱你的人，根本不值得你为之伤心。

努力做一个可爱的人。不埋怨谁、不嘲笑谁，也不羡慕谁，阳光下灿烂、风雨中奔跑，做自己的梦、走自己的路。

这个世界有足够多的人吸引我们，但爱情就是我们选择只去爱那一个人。

恩典就是我们不需要努力什么，太阳每天都升起，空气一直不断绝，我们只要相信，就可以支取。如果我们很累，很有可能是我们贪恋恩典以外的东西。人活着，其实不需要那么多东西。

人不觉得自己需要恩典，这是最大的

骄傲和咒诅。因为我们所呼吸的每一口空气，都是免费的恩典。我们有什么好骄傲的呢！

我们太过于想要得到什么，就会迷失。想要快速发财，想要快速成功，就会痛苦。

时间，会沉淀最真的情感；风雨，会考验最暖的陪伴。走远的，只是过眼云烟；留下的，才是值得珍惜的情缘。

如果说人生有什么最重要的东西，那大概就是肆意生活的勇气吧！不论顺流还是逆风，都能按照自己的节奏，随着自己的心意，用心生活，用力向上。

理解你所不能理解的是学习，接受你所不能接受的是成长，承认你所不能承认的是接纳，忘记你所不能忘记的是放下。

那些在背后对你说三道四、捏造故事的人，无非就三个原因：没达到你的层次；你有的东西他没有；模仿你的生活方式未遂。

希望现在的你，别害怕现状，也别试图强迫自己，世事无常，总有一段日子是用来

人生不要轻易妥协将就，有一种单身，叫作宁缺毋滥。火锅可以一个人吃，电影可以一个人看，不介意孤独，比爱你舒服。

我们身边并不缺少财富，而是缺少发现财富的眼睛。

浪费的，糟糕的日子往往有特别的价值，但前提是你要挺过去。

你一直说自己非常忙碌，就永远不会得到空间；你一直说自己没有时间，就永远不会得到时间；你一直说这件事明天再做，你的明天就永远不会来。

哪里有完美的人生，生活到处充满缺憾：买的房子邻居太吵，遇见的人对你不好，自己待着无聊，出去玩儿周围又太闹，新买的鞋子磨脚，打车司机给你乱绕，自己还没长大父母又变老，点的菜不合胃口情绪烦躁，去年的衣服今年穿不上，钱包偶尔被盗。你瞧，岁月只是偶尔静好，人生永远充满烦恼。

人生不如意事常八九，快乐的人不是没有痛苦，只是他们都修炼了一颗强大的心，因而不被痛苦左右。拥有强大的内心，就不是生活左右你，而是你驾驭生活。

不要在一件别扭的事上纠缠太久。纠缠久了，你会烦、会痛、会厌、会累、会神伤、会心碎。实际上，到最后，你不是跟事过不去，而是跟自己过不去。无论多别扭，你都要学会抽身而退。

人生在世，难免会遇到很多不如意，生活中出现不顺心的事情，不要心怀不满、怨气冲天，也不必耿耿于怀、一蹶不振，是福是祸都得面对，是好是坏都会过去。

我们常常为错过一些东西而感到惋惜，但其实人生的玄妙常常超出你的预料，无论什么时

从今天起，愿你不负时光，努力去做一个可爱的人，不羡慕谁，也不埋怨谁，在自己的道路上，欣赏自己的风景，遇见自己的幸福。

候你都要相信，一切都是最好的安排。

花一些时间，总会看清一些事；用一些事情，总会看清一些人。

不求顶天立地，只求真诚善良，人生最大的幸福是活着，活着才有说话的权利。

假如你知道自己这样做并没有错的话，那么，你就继续做下去。

别让过去的失败捆住你的手脚，否则永远难成大事。